高职高专土建类专业规划教材

GAOZHI GAOZHUAN TUJIANLEI ZHUANYE GUIHUA JIAOCAI

招投标与合同管理

樊文广　谢延友　主　编

刘　智　副主编

牛　萍　王利军　参　编

中国电力出版社

www.cepp.com.cn

本书根据我国招投标和合同管理相关法律法规、部门规章，结合国内外建设工程招投标和合同管理的最新动态，系统地阐述了建设工程的招标、投标及合同管理等方面的基本理论和基础知识。本书共分 7 章，内容包括绪论，工程招标，工程投标，开标、评标、定标，国际工程招标投标，建设工程合同，FIDIC 合同简介等。为了便于组织教学和读者自学，本书在各章前附有学习目标，各章后附有小结和习题。

　　本书既可作为高职高专院校土建类相关专业的教材和指导书，也可作为相关专业从业人员的自学参考书。

图书在版编目（CIP）数据

招投标与合同管理/樊文广，谢延友主编. —北京：中国
电力出版社，2010
高职高专土建类专业规划教材
ISBN 978 - 7 - 5083 - 9564 - 7

Ⅰ. 招… Ⅱ. ①樊…②谢… Ⅲ. ①建筑工程－招标－
高等学校：技术学校－教材②建筑工程－投标－高等学校：
技术学校－教材③建筑工程－合同－管理－高等学校：
技术学校－教材 Ⅳ. TU723

中国版本图书馆 CIP 数据核字（2009）第 189200 号

中国电力出版社出版发行
北京市东城区北京站西街 19 号　100005　http://www.cepp.com.cn
责任编辑：王晓蕾　责任印制：陈焊彬　责任校对：常燕昆
北京丰源印刷厂印刷·各地新华书店经售
2010 年 1 月第 1 版　·　2011 年 12 月第 3 次印刷
787mm×1092mm　1/16　·　11.25 印张　·　280 千字
定价：25.00 元

　　敬告读者
本书封面贴有防伪标签，加热后中心图案消失
本书如有印装质量问题，我社发行部负责退换
　　版权专有　　翻印必究
本社购书热线电话（010-88386685）

高职高专土建类专业规划教材

编写委员会

主 任　胡兴福

委 员　（按姓氏笔画排序）

王延该	卢 扬	刘 宇	安淑兰
杨晓平	李 伟	李 志	何 俊
陈松才	周无极	周连起	周道君
郑惠虹	孟小鸣	赵育红	胡玉玲
钟汉华	晏孝才	徐秀维	高军林
郭超英	崔丽萍	谢延友	樊文广

前　　言

　　招投标与合同管理是工程建设领域中非常重要的工作，是相关从业人员必备的知识和能力，也是大多数土建类院校相关专业的必修课程。

　　本书是中国电力出版社在国家提出大力发展职业教育的大背景下，为适应高职高专人才培养的特点，分析了建设工程招投标与合同管理实践性强、法律法规及政策性强等特点，结合当前建设工程招投标与合同管理的前沿问题组织编写的。本书对工程招标、投标、开标、评标、定标从相关法律法规及实务操作方面作了深入浅出的阐述；并以我国现行施工合同示范文本及新版的 FIDIC 合同为基础，从合同管理和条款的应用方面作了较为全面的介绍。

　　本书由内蒙古建筑职业技术学院樊文广、甘肃工业职业技术学院谢延友担任主编，湖北水利水电职业技术学院刘智担任副主编。具体编写分工为：甘肃工业职业技术学院谢延友编写第 1 章、第 3 章和第 4 章，内蒙古建筑职业技术学院牛萍编写第 2 章，甘肃工业职业技术学院王利军编写第 5 章，湖北水利水电职业技术学院刘智编写第 6 章，内蒙古建筑职业技术学院樊文广编写第 7 章。

　　本书在编写的过程中查阅参考并引用了大量的招投标与合同管理方面的文献资料，在此谨向原文作者表示感谢！

　　由于编者水平有限，本书不当和错误之处，敬请广大读者、专家批评指正。

编　者

目　　录

第1章 绪 论

【学习目标】熟悉工程建设从业单位、工程项目建设程序、工程建设市场主体；掌握招标投标的概念、特征、职能；了解工程交易中心、招投标的意义和作用。

工程招标投标是市场经济条件下的工程承发包行为。要了解和学习工程招标投标知识，首先必须了解工程建设市场情况，没有工程建设市场就不会有工程招投标。因此，在讲解工程招投标知识之前，我们先介绍工程建设市场的相关知识。

1.1 工程建设市场

市场的出现是随着商品交换的产生而产生，并随着商品交换的发展而发展的。随着生产力的发展，劳动产品有了剩余，商品交换便开始出现，市场也随之形成。集市就是在出现商人以后形成的最早的市场形态。随着社会分工的进一步扩大，出现了直接以交换为目的的商品生产，人们对市场的依赖程度日益增加，市场便逐渐繁荣起来。在当今社会，市场已与人们的生活息息相关，成为人类经济活动的枢纽环节，可以说市场连接着从生产到消费的全部过程。

按照社会主义市场经济理论来划分，市场有广义和狭义之分。广义市场包括无形市场和有形市场。所谓无形市场，是指没有固定的交易场所，靠广告、中间商以及其他交易形式，寻找货源或买主，沟通买卖双方，促成交易。某些技术市场、房地产市场等，都是无形市场。狭义的市场是指有形市场，即商品交换的场所。在这种市场上，商品价格是公开标明的，买卖双方在固定的场所进行交易。百货商店、集市贸易等都属于此类市场。

工程建设是指土木建筑工程，包括矿山、铁路、公路、隧道、桥梁、堤坝、电站、码头、机场、运动场、厂房、剧院、旅馆、商店、学校和住宅等工程；线路管道和设备安装工程，包括电力、通信线路、石油、燃气、给水、排水、供热等管道系统和各类机械设备、装置的安装工程。

工程建设市场也分为广义和狭义两种市场。广义的工程建设市场包括有形市场和无形市场，包括与工程建设有关的技术、租赁、劳务等各种要素市场，为工程建设提供专业服务的中介组织体系，包括广告、通信、中介机构、经纪人等媒介沟通买卖双方，或通过招投标等多种方式成交的各种交易活动，还包括建筑商品生产过程及流通过程中的经济联系和经济关系。可以说，广义的工程建设市场是工程建设生产和交易关系的总和。狭义的工程建设市场一般是指有形的工程建设市场，有固定的交易场所和内容，如建设工程交易中心。由于建设产品生产周期长、价值量大、生产过程的不同阶段对承包单位的能力和特点要求不同，决定了工程建设市场交易贯穿于建设产品生产的整个过程。从工程建设的咨询、设计、施工任务的发包开始，到工程竣工、保修期结束为止，发包方与承包方、分包方之间进行的各种交易以及相关的商品混凝土供应、构配件生产、建设机械租赁、建设劳务的使用等活动，都是在建设市场中进行的。生产活动与交易活动交织在一起，使得建设市场在许多方面不同于其他有形产品市场，而具有其自身的特色。

1.1.1 工程建设市场主体和客体

建设市场交易贯穿建筑产品生产的全过程。在这个过程中，不仅存在业主和承包商之间的交易，也有业主与设计单位、设备供应单位、工程咨询单位进行的交易，还有承包商与分包商、材料供应商之间的交易等，共同构成工程建设市场生产和交易的总和。参与工程建设生产交易过程的各方构成工程建设市场的主体，作为不同阶段的交易内容和生产成果构成建设市场的客体，包括各种形态的建筑产品、工程设备与设施、构件配件以及各种图纸、报告等非物化劳动等。现将工程建设市场主体分述如下：

1. 业主

业主是指既有某项工程建设需求，又具有该项工程建设相应的建设资金和各种准建手续，在建设市场中发包工程建设的勘察、设计、施工、监理等任务，并最终得到建筑产品的政府部门、企事业单位和个人。在我国工程建设中，业主也称之为建设单位，只有在发包工程或组织工程建设时才成为工程建设市场主体。这就是说，业主方作为市场主体具有不确定性。

根据我国公有制占主体的具体情况，为了建立投资责任约束机制，规范项目法人行为，我国实行了项目法人责任制，对工程业主的职责做了相应的规定，明确由项目法人对项目建设全过程进行管理，主要包括进度控制、质量控制、投资控制、合同管理和组织协调。

在我国，工程项目业主的产生主要有三种方式：

第一种，业主即原企业和单位。企业和机关、事业单位投资的新建、扩建、改建工程，该企业或单位即为项目业主。

第二种，业主是联合投资董事会。由不同投资方参股或共同投资的项目，则业主是共同投资方组成的董事会或管理委员会。

第三种，业主是各类开发公司。开发公司自行融资或由投资方协商组建或委托开发的工程管理公司也可成为业主。

业主在工程项目建设过程中的主要职责有6项：①建设项目的立项决策；②建设项目的资金筹措；③建设项目的招标与合同管理；④建设项目的施工与质量管理；⑤建设项目的竣工验收与试运行；⑥建设项目的统计及文档管理。

2. 承包商

承包商是指拥有一定数量的建筑装备、流动资金、工程技术和经济管理人员，取得建设资质证书和营业执照的，能够按照业主的要求提供不同形态的建筑产品并最终得到相应工程价款的施工企业。按照承包方式分类，可以分为承包商和分包商；按照其所能够提供的建筑产品分类，承包商可以分为不同的专业，如建筑、水电、铁路、市政工程等专业公司。相对于业主而言，承包商作为建设市场的主体，是长期和持续存在的。因此，无论是中国国内还是按照国际惯例，对承包商一般都要实行从业资格管理。承包商从事建设生产，一般需要具备3个方面的条件：①有国家规定的注册资本；②有与其从事的建筑活动相适应的具有法定执业资格的专业技术人员；③有从事相应建筑活动所应有的技术装备。

经过资格审查合格，取得资质证书和营业执照的承包商，方可在批准的范围内承包工程。承包商要通过投标竞争取得施工项目，需要依靠自身的实力去赢得市场。承包商的实力主要包括 4 个方面：①技术方面的实力：有精通本行业的工程师、预算师、项目经理、合同管理等专业人员；有工程设计、施工的专业装备，能够解决各类工程施工中的技术难题；有承揽不同类型项目施工的经验。②经济方面的实力：具有相当的周转资金用于工程准备和备料，具有一定的融资和垫付资金的能力；具有相当的固定资产；具有承担相应风险的能力；如果承担国际工程，需要具有筹集外汇的能力。③管理方面的实力：具有一定的项目经理和管理专家，有采用先进的施工方法的能力，能够提供科学管理控制施工成本，提高施工质量和效益。④信誉方面的实力：能够保证工程质量、安全、工期，能够遵纪守法，认真履约，具有良好的企业形象和信誉。只有具备了上述条件，在工程投标竞争中，扬长避短，发挥优势，才有可能打开和占领市场，取得良好的经济效益和社会效益。

3. 工程咨询服务机构

工程咨询服务机构是指具有一定注册资金、工程技术和经济管理人员，取得建设咨询证书和营业执照，能够对工程建设提供估算测量、管理咨询、建设监理等智力型服务并获得相应费用的企业。工程咨询服务企业包括勘察设计、工程造价、招标代理、工程管理和工程监理等多种业务。

4. 监管机构

建设工程招投标监管机构，是指经政府或政府主管部门批准设立的隶属于同级建设行政主管部门的省、市、县建设工程招投标办公室。监管机构从机构设置、人员编制来看，其性质通常是代表政府行使监管职能的事业单位。建设工程招标投标通常采用分级管理，是指省、市、县的建设行政主管部门依照各自的权限，对本行政区域内的建设工程招投标分别实行管理，即分级属地管理。

1.1.2 建设工程交易中心

1. 建设工程交易中心的性质

建设工程交易中心是服务性机构，不是政府管理部门，也不是政府授权的监督机构，本身并不具备监督管理职能。但建设工程交易中心又不是一般意义上的服务机构，其设立须得到政府或政府授权主管部门的批准，并非任何单位和个人可随意成立；它不以营利为目的，旨在为建立公开、公正、平等竞争的招投标制度服务，只可经批准收取一定的服务费。

按照我国有关规定，所有建设项目都要在建设工程交易中心内报建、发布招标信息、授予合同、申领施工许可证。工程交易行为不能在场外发生，招标投标活动都需在场内进行，并接受政府有关管理部门的监督。应该说建设工程交易中心的设立，对建立国有投资的监督制约机制，规范建设工程承发包行为，以及将建筑市场纳入法制管理轨道，都有重要作用，是符合我国特点的一种好形式。

建设工程交易中心建立以来，由于实行集中办公、公开办事制度和程序，以及"一条龙"的窗口服务，不仅有力地促进了工程招投标制度的推行，而且遏制了违法违规行为，对于防止腐败、提高管理透明度收到了显著的成效。

2. 建设工程交易中心的基本功能

我国的建设工程交易中心是按照三大功能进行构建的。

（1）信息服务功能。包括收集、存储和发布各类工程信息、法律法规、造价信息、建材价格、承包商信息、咨询单位和专业人士信息等。在设施上配备有大型电子墙、计算机网络工作站，为承发包交易提供广泛的信息服务。工程建设交易中心一般要定期公布工程造价指数和建筑材料价格、人工费、机械租赁费、工程咨询费以及各类工程指导价等，指导业主、承包商、咨询单位进行投资控制和投标报价。但在市场经济条件下，工程建设交易中心公布的价格指数仅是一种参考，投标最终报价还是需要依靠承包商根据本企业的经验或"企业定额"、企业机械装备和生产效率、管理能力和市场竞争需要来决定。

（2）场所服务功能。对于政府部门、国有企业、事业单位的投资项目，我国明确规定，一般情况下都必须进行公开招标，只有特殊情况下才允许采用邀请招标。所有建设项目进行招投标必须在有形建筑市场内进行，必须由有关管理部门进行监督。按照这个要求，工程建设交易中心必须为工程承发包交易双方，包括建设工程的招标、评标、定标、合同谈判等，提供设施和场所服务。我国原建设部《建设工程交易中心管理办法》规定，建设工程交易中心应具备信息发布大厅、洽谈室、开标室、会议室及相关设施，以满足业主和承包商、分包商、设备材料供应商之间的交易需要。同时，要为政府有关管理部门进驻集中办公、办理有关手续和依法监督招标投标活动提供场所服务。

（3）集中办公功能。由于众多建设项目要进入有形建筑市场，进行报建、招投标交易和办理有关批准手续，这样就要求政府有关建设管理部门各职能机构进驻工程交易中心，集中办理有关审批手续和进行管理。受理申报的内容一般包括工程报建、招标登记、承包商资质审查、合同登记、质量报监、施工许可证发放等。进驻建设工程交易中心的相关管理部门集中办公，要公布各自的办事制度和程序，既能按照各自的职责依法对建设工程交易活动实施有力监督，也方便当事人办事，有利于提高办公效率。一般要求实行"窗口化"服务。这种集中办公方式决定了建设工程交易中心只能集中设立，而不可能像其他商品市场那样随意设立。按照我国有关法规，每个城市原则上只能设立一个建设工程交易中心，特大城市可增设若干个分中心，但分中心的三项基本功能必须健全，如图1-1所示。

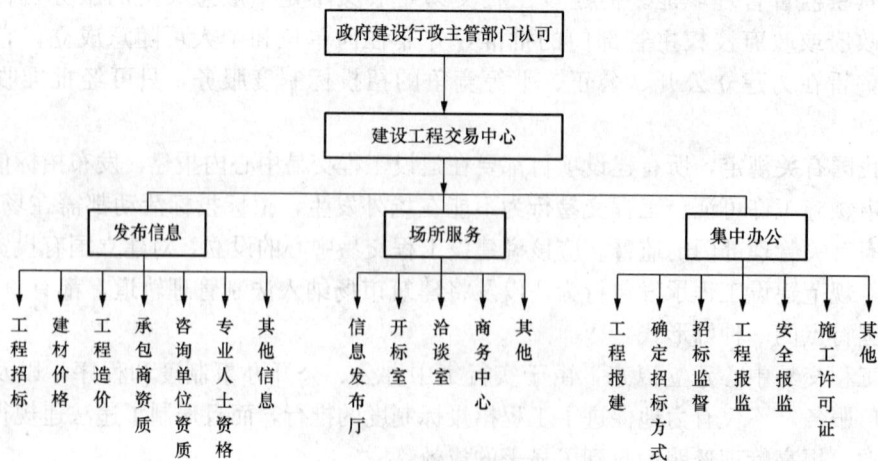

图1-1　建设工程交易中心的基本功能

3. 建设工程交易中心的运行原则

为了保证建设工程交易中心能够有良好的运行秩序，充分发挥其市场功能，必须坚持市场运行的一些基本原则，主要有以下几项：

（1）信息公开原则。有形建筑市场必须充分掌握政策法规、工程发包、承包商和咨询单位的资质、造价指数、招标规则、评标标准、专家评委库等各项信息，并保证市场各方主体都能及时获得所需要的信息资料。

（2）依法管理原则。建设工程交易中心应严格按照法律、法规开展工作，尊重建设单位依照法律规定选择投标单位和选定中标单位的权利。尊重符合资质条件的建筑企业提出的投标要求和接受邀请参加投标的权利。任何单位和个人，不得非法干预交易活动的正常进行。监察机关应当进驻建设工程交易中心实施监督。

（3）公平竞争原则。建立公平竞争的市场秩序是建设工程交易中心的一项重要原则。进驻的有关行政监督管理部门应严格监督招标、投标单位的行为，防止行业、部门垄断和不正当竞争，不得侵犯交易活动各方的合法权益。

（4）属地进入原则。按照我国有形建筑市场的管理规定，建设工程交易实行属地进入。每个城市原则上只能设立一个建设工程交易中心，特大城市可以根据需要，设立区域性分中心，在业务上受中心领导。对于跨省、自治区、直辖市的铁路、公路、水利等工程，可在政府有关部门的监督下，通过公告由项目法人组织招标、投标。

（5）办事公正原则。建设工程交易中心是政府建设行政主管部门批准建立的服务性机构，须配合进场各行政管理部门做好相应的工程交易活动管理和服务工作。要建立监督制约机制，公开办事规则和程序，制定完善的规章制度和工作人员守则，发现建设工程交易活动中的违法违规行为，应当向政府有关管理部门报告，并协助进行处理。

4. 建设工程交易中心的运作程序

按照有关规定，建设项目进入建设工程交易中心后，一般按下列程序运行，如图1-2所示。

（1）拟建工程得到计划管理部门立项（或计划）批准后，到中心办理报建备案手续。工程建设项目的报建内容主要包括工程名称、建设地点、投资规模、资金来源、当年投资额、工程规模、工程筹建情况、计划开工和竣工日期等。

（2）报建工程由招标监督部门依据《中华人民共和国招标投标法》（以下简称《招标投标法》）和有关规定确认招标方式。

（3）招标人依据《招标投标法》和有关规定，履行建设项目包括项目的勘察、设计、施工、监理以及与工程建设有关的重要设备、材料等的招标投标程序：①由招标人组成符合要求的招标工作班子，招标人不具有编制招标文件和组织评标能力的，应委托招标代理机构办理有关招标事宜。②编制招标文件，招标文件应包括工程的综合说明、施工图等有关资料，工程量清单，工程价款执行的定额标准和支付方式、拟签订合同的主要条款等。③招标人向招投标监督部门进行招标申请，并附招标文件。④招标人在建设工程交易中心统一发布招标公告，招标公告应当载明招标人的名称和地址、招标项目的性质、数量、实施地点和时间，以及获取招标文件的办法等事项。⑤投标人申请投标。⑥招标人对投标人进行资格预审，并将审查结果通知各申请投标的投标人。⑦在交易中心内向合格的投标人分发招标文件及设计图样、技术资料等。⑧组织投标人踏勘现场，并对招标文件答疑。⑨建立评标委员会，制订

```
┌─────────────────────┐      ┌─────────────┐
│携立项或投资计划批准文件│─────→│ 工程报建登记 │
└─────────────────────┘      └─────────────┘
                                    │
                                    ↓
                             ┌─────────────┐
                             │ 确定招标方式 │
                             └─────────────┘
                                    │
        ┌─────────────┐      ┌─────────────┐      ┌─────────────┐
        │ 编制招标文件 │─────→│  招标申请   │─────→│ 发布招标信息 │
        └─────────────┘      └─────────────┘      └─────────────┘
                                    │
   ┌──────────┬──────────────┬──────────────┬──────────────┐
   ↓          ↓              ↓              ↓
┌──────┐  ┌──────┐       ┌──────┐       ┌──────┐
│履行设计│  │履行施工│       │履行监理│       │履行设备│
│招标程序│  │招标程序│       │招标程序│       │招标程序│
└──────┘  └──────┘       └──────┘       └──────┘
   └──────────┴──────────────┴──────────────┘
                    │
                    ↓
        ┌─────────────────┐      ┌─────────────────────┐
        │ 向中标单位授予合同 │─────→│ 向有关监督部门登记备案 │
        └─────────────────┘      └─────────────────────┘
                    │
                    ↓
        ┌─────────────────┐
        │ 质量、安全监督登记 │
        └─────────────────┘
                    │
                    ↓
        ┌─────────────────┐
        │ 统一交纳有关费用 │
        └─────────────────┘
                    │
                    ↓
        ┌─────────────────┐
        │ 申请领取施工许可证 │
        └─────────────────┘
```

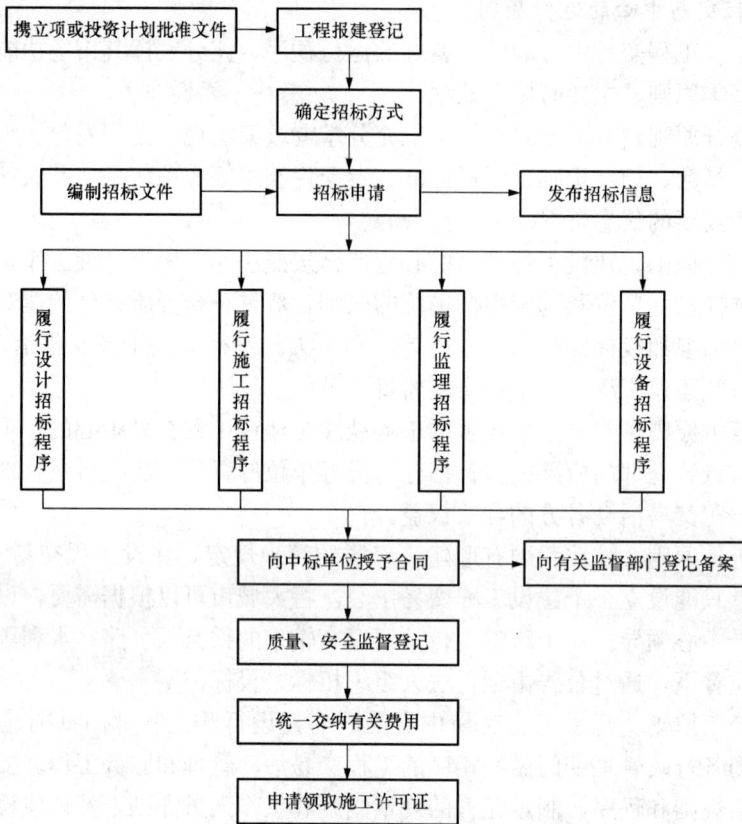

图 1-2　建设工程交易中心运行程序

评标、定标办法。⑩在交易中心内接受投标人提交的投标文件，并同时开标。⑪在交易中心内组织评标，决定中标人。⑫发出中标通知书。

（4）自中标之日起 30 日内，发包单位与中标单位签订合同。

（5）按规定进行质量、安全监督登记。

（6）统一交纳有关工程前期费用。

（7）领取建设工程施工许可证。申请领取施工许可证，应当按住房和城乡建设部第 71 号部令规定，具备以下条件：已经办理该建筑工程用地批准手续；在城市规划区的建筑工程，已经取得规划许可证；施工场地已经基本具备施工条件，需要拆迁的，其拆迁进度符合施工要求；已经确定建筑施工企业，但按照规定应该招标的工程没有招标，应该公开招标的工程没有公开招标，或者肢解发包工程，以及将工程发包给不具备相应资质条件的，所确定的施工企业无效；有满足施工需要的施工图样及技术资料；施工图设计文件已按规定进行了审查；有保证工程质量和安全的具体措施；施工企业编制的施工组织设计中有根据建筑工程特点制订的相应质量、技术、安全措施，专业性较强的工程项目编制了专项质量、安全施工组织设计，并按照规定办理了工程质量、安全监督手续；按照规定应该委托监理的工程已委托监理；建设资金已经落实；建设工期不足一年的，到位资金原则上不得少于工程合同价的 50%，建设工期超过一年的，到位资金原则上不得少于工程合同价的 30%，建设单位应当提供银行出具的到位资金证明，有条件的可以实行银行付款保函或者其他第三方担保；法律、行政法规规定的其他条件。

1.2　工程招标投标概述

1.2.1　工程招标投标的概念

招标投标是一种特殊的市场交易方式，是采购人事先提出货物工程或服务采购的条件和要求，邀请众多投标人参加投标并按照规定程序从中选择交易对象的一种市场交易行为。也就是说，它是由招标人或招标人委托的招标代理机构通过媒体公开发布招标公告或投标邀请函，发布招标采购的信息与要求，邀请潜在投标人参加平等竞争，然后按照规定的程序和办法，通过对投标竞争者的报价、质量、工期（或交货期）和技术水平等因素，进行科学地比较和综合分析，从中择优选定中标者，并与其签订合同，以实现节约投资、保证质量和优化配置资源的一种特殊交易方式。但是，实际建设工程招标投标中，人们总是把招标和投标分成两个不同内容的过程，因此，对招标和投标做了不同的理解，赋予了不同的含义。所谓工程招标，是指招标人就拟建工程发布公告，以法定方式吸引承包单位自愿参加竞争，从中择优选定工程承包方的法律行为。所谓投标，是指响应招标、参与投标竞争的法人或者其他组织，按照招标文件的要求制作并递送投标文件，履行相关手续，争取中标的过程。

招标和投标是互相依存的两个最基本的方面，缺一不可。一方面，是招标人以一定的方式邀请不特定或一定数量的投标人来投标；另一方面，投标人响应招标人的要求参加投标竞争。没有招标，就不会有供应商或承包商的投标；没有投标，采购人的招标就不能得到响应，也就没有了后续的开标、评标、定标和签订合同等一系列的招标过程。目前，在国内外招标投标的有关规则和实际运作中，通常只说"招标"，比如说"国际竞争性招标"、"国内竞争性招标"、"公开招标"、"邀请招标"、"工程施工招标"、"货物招标"、"服务招标"等，但不管哪一种说法，都同时对招标、投标做出了相应的规定和约束。因此，通常所说的招标，实际上是指招标、投标的简称，包含着招标与投标这两个方面，招标和投标是分别从买方（业主、发包方）或卖方（承包方）运作的不同角度所得的称呼。

关于招标人和投标人的定义，《招标投标法》中是这样规定的：招标人是指依法提出招标项目、进行招标的法人或者其他组织。所谓"提出招标项目"，是指招标人依法提出和确定需招标的项目，办理有关审批手续，落实项目资金来源等。所谓"进行招标"，是指提出招标方案，拟订或决定招标范围、招标方式、招标的组织形式，编制招标文件，发布招标公告，审查投标人资格，主持开标，组建评标委员会进行评标，择优确定中标人，并与中标人订立书面合同等招标的工作过程。

具备条件的招标人，可按规定自行办理招标的，叫"自行招标"；条件不具备的招标人，则可委托招标机构进行招标，即委托招标代理机构代表招标人的意志，由其在授权的范围内依法招标。这种由招标人委托招标机构进行的代理招标，称作"委托招标"，接受他方委托的招标代理机构进行的招标活动叫"代理招标"。"委托招标"，也被视为招标人"进行招标"。

投标人是指响应招标人招标需求并购买招标文件，参加投标竞争活动的法人或其他组织。《招标投标法》规定，除在科研项目中允许个人作为投标主体参加科研项目投标活动外，一般不包括自然人。这里的其他组织，是指不具备法人条件的组织。所谓参加投标竞争活动，是指投标人通过调查研究，按招标文件的规定编写投标文件，包括编制投标报价等，在规定的时间、地点将投标文件密封送达招标人，按时参加开标，回答评标委员会询问、接受评标过程的审查，凭借投标人的实力、优势、经验、信誉以及投标水平和投标技巧，在激烈的竞争中争取中标而获得项目（工程、货物或服务）承包任务的过程。

1.2.2　工程招标投标的特征

工程招标投标是一种具有自身特色的市场交易方式，它具有以下基本特征。

1. 竞争的激烈性

竞争是市场经济条件下工程建设项目投标的本质特性。由于招标人一般都采用现代化手段，打破地区界限，公开发布招标消息，影响范围广泛；同时，公开招标的工程项目，一般都颇具规模、金额较大，只要经营得当，获利会相当丰厚，这对各地区的工程承包单位的吸引力很大；加之工程建设项目招标投标是工程建设项目承包市场和劳务承包市场上采用最为普遍的重要交易方式，各承包单位只有通过投标且获胜中标才能有活干，才有望获取利润使企业得以生存和发展。基于上述种种原因，必然能使招标人在相当大的范围内吸引众多的工程建设项目承包的相关单位投标。而中标者通常只有一家，能否中标往往直接关系着承包商的命运，这势必导致各投标人为争取中标进行激烈、充分的竞争。笔者在网上了解到，美国、德国等发达国家的工程建设项目承包单位每年在投标竞争中的破产率都高达 10% 以上，与此同时，又有相当多的工程建设项目承包企业在投标竞争中崛起，工程建设项目投标竞争的激烈程度可见一斑。

2. 组织的严密性

招标投标是一种有组织的交易方式，具有明显的组织性特征，主要表现在以下 4 个方面：

（1）招标的组织性。招标的组织者是法人或其他组织，一般情况下，自然人不能成为招标人；代理招标机构是经过建设主管部门按照国家有关规定审批并颁发了资质证书的咨询单位。招标人邀请招标机构代理招标，要有严密的招标委托协议。

（2）决策的集体性。无论是委托招标、自行招标，还是公开招标或者邀请招标，招标的决策过程都是集体决策的过程。评标委员会的专家都是从专家库中随机抽取的，评标结果是由评标委员会的专家集中对投标人的报价、质量、技术、工期与其他综合因素及其综合实力进行比较、评估而择优确定的，是一个集体决策的过程，并非个人行为。

（3）场所的规定性。投标地点、开标地点都必须按招标文件、招标公告事先已经规定的场所进行。

（4）时间的预定性。招标文件的发售时间、投标文件的递交时间和开标的时间，都要按事先公开规定的时间进行。

综上所述，招标是一种有组织、有计划的特殊的商业交易活动，它的进行过程必须按照招标文件的规定，在规定的地点、时间内，按照预定的规则、标准、方法进行，有严密的程序，处处体现出高度的组织性。

3. 信息的公开性

（1）公开招标信息。招标人进行招标的目的，是要在一定范围内寻找合适的承包人，因此在一定范围内公开信息是招标活动的另一个重要特点。招标人采用公开招标方式的，应当发布招标公告。对政府规定强制招标项目的招标公告，还必须通过指定的报刊、信息网络或者其他公共媒介发布；需要进行资格预审的，还应当事先公开发布资格预审公告。招标人采用邀请招标方式的，应当向 3 个以上的特定法人或者其他组织发出投标邀请书。资格预审公告、招标公告或投标邀请书，应当载明能大体满足潜在投标人决定是否参加投标竞争所需要的信息，通常应当包括：招标人的名称、地址，招标采购的项目名称、性质，采购货物的数量、技术要求和交货地点，或拟建工程的项目名称、性质、规模、地点和技术要求等，或所需提供服务的性质要求和提供地点等，还应有公开提供招标文件的时间、地点和收取的费用等。

招标文件应当载有为供应商、承包商做出投标决策、进行投标准备所必需的资料，以及其他为保证招标投标过程公开、透明的有关信息。通常应当包括：关于编写投标文件的说明，以避免投标者因其提交的投标书不符合要求而失去中标机会，投标者为证明其资格而必须提交的有关资料；采购项目的技术、质量要求，交货、竣工或提供服务的时间要求；对投标担保的要求；提交投标书的时间、地点的规定；投标有效期（即投标者应受其投标条件约束的期限）；开启投标书的时间、地点和程序；对投标书评审的标准、方法等。招标人如需对已发出的招标文件进行必要的澄清或者修改的，也都应公开进行。

（2）公开程序和内容。开标是公开进行的，所有的潜在投标人的代表均可参加开标；开标的时间和地点，应当与事先提供给所有投标人的招标文件上载明的时间和地点相一致，以便投标人按时参加；开标时，应先由投标人或者其推举的代表检查投标文件的密封情况，经确定无误后，由工作人员当众公开拆封，以唱读的方式，公开报出各投标人的名称、投标价格等投标文件中的最主要内容；对设有标底的招标项目，在对全部投标人的唱标结束后，开标会上最后公开拆封并公开宣读标底（如果有）。开标会必须作好记录，存档备查。招标人在招标文件要求提交投标文件的截止日期前收到的所有投标文件，开标时都应当予以拆封、宣读。对在投标截止日期以后收到的投标文件，招标人则都应公开拒收。

（3）公开评标标准和评标方法。评标标准和评标方法应当在提供给所有投标人的招标文件中载明。国家规定评标委员会应当严格按照招标文件中规定的评标标准和办法，对投标人的投标文件进行系统地评审和比较，而不得采用招标文件未列明的任何标准和办法。招标程序中还公开规定了招标人不得与投标人就投标价格、投标方案中的实质性内容进行谈判，违者将导致废标。

（4）公开中标的结果。确定中标人后，招标人应当向中标人发出中标通知书，并同时将中标结果通知所有未中标的投标人，让所有投标单位都知道最终结果。目前，有些招标规则中明文规定开始实行公示制度，就是将评标报告中拟选定的中标人名单，在一定媒体上公示若干天。在公示期间，任何人，包括未中标的投标人对招标活动和中标结果有异议的，有权向招标人或有关行政监督部门提出质疑或投诉。只有在公示期间对中标候选人没有异议或对异议进行了处理后，才能正式确定中标人。这种中标人公示制度，受到招投标双方的欢迎，也正从国际招标向国内招标的各个领域迅速推广扩大。

招标交易方式的公开特征，是对投标人最具吸引力的特点之一，它使合格的投标者能以均等的机会参与竞争，实现其效率与效益。

4. 报价的一次性

招标与投标的交易行为，不同于一般商品交换，也不同于公开询价与谈判交易。在招标投标过程中，投标人没有讨价还价的权利，是招标投标这种特殊交易方式的一个最为显著的特性。投标人参加投标，只能应邀进行一次性秘密报价，即"一口价"。在投标文件递交截止日期以后，投标文件不得撤回或进行实质性条款的修改。从而可以看出，在招标投标这种特殊的交易过程中，交易的主动权是掌握在招标人手中的。

5. 价格的合理性

工程建设项目招标投标的合理性集中体现在价格水平的合理性上。评价某种商品的价格是否合理，首先应该看其是否能反映价值规律的客观要求，按社会必要劳动时间确定商品的价值量。恩格斯曾经指出："只有通过竞争从而引起商品价格的波动，商品生产的价值规律才能得到贯彻，按社会必要劳动时间决定商品价值才能成为现实。"这就是说，生产某种使用价值的社会必要劳动时间，一般是不易人为规定的，只能通过生产条件各不相同的商品生产者之间的竞争来形成。投标者中标，意味着该投标单位完成某类工程建设项目所需要的个别劳动时间为社会承认，表现为社会必要劳动时间。以中标价为基础确定工程建设项目的结算价，较好地体现了价值规律关于按社会必要劳动时间决定商品价值量的这一客观要求。

评价商品价格是否合理，还需看其是否能灵敏地反映市场行情。所谓市场行情，是对市场上商品供求及物价动态的总称，它既包括市场供求状况的变化，也包括各种价格涨落的趋势。通过招标投标形成的工程建设项目价格，是以中标人的投标报价为基础确定的。而中标人在计算投标报价时所采用的实物消耗定额、费用计算标准、利润率等基础资料，都是由投标人根据当时当地市场上供求状况及价格涨落情况进行科学的分析和预测之后，审慎确定的。依据这样的基础资料计算出的投标报价，一般而言，价格都能随行就市，反映市场行情的灵敏度比较高。合理的商品价格还必须能有效地推动商品价值的不断降低、劳动生产率水平的逐步提高及社会科学技术的进步。由此可见，通过招标投标形成的工程建设项目价格具有合理性。

6. 管理的法治性

按照国际惯例进行的工程建设项目招标投标，是以法律作为保障买卖双方关系的基础。一方面，工程建设项目招标投标活动，受工程建设项目相关法律、法令、政策的约束，依法进行。另一方面，建设工程招标投标必须以严格的合同制为基础。而从合同的本质分析，它是明确、详尽规定工程承发包双方履行各自权利、义务的具有法律效力的经济契约。凡列入合同的条款，都必须保证法律上的正确性和无懈可击。合同是工程建设项目招标投标一切工作中都必须遵循的准则，双方在解除承发包关系前的一切事项，都必须按照合同规定的具体条款进行处理和解决，双方均不得违约。若有违约，须按合同规定予以处罚，并承担法律责任。执行合同中所产生的纠纷，也须按合同的规定进行协商、调解、仲裁，甚至诉诸法院解决。所以，以严格的合同制为基础的工程建设项目招标投标，对双方的约束性都是极强的。法治性是工程建设项目招标投标管理的一个基本特征，是这一特殊商品的特殊交易行为顺利进行的基本保障。

7. 过程的公正性

工程建设项目的招标过程，应该是一视同仁的运作过程，对所有投标者来说，应是机会均等、公平竞争的机会。在招标过程中，招标方不得有任何歧视某一个投标者的规定和行为，应向所有的投标人提供相同的招标信息，包括对招标文件的解释和澄清都应提供给所有的投标人；应按相同的标准和程序对所有投标人的资格进行审查；提供投标担保的要求应同样适用于每一投标者；在编制建设工程所需的设备、物资等采购的相关条款时，不得在技术规格、性能要求等方面偏向任何一方，不得以标明特定的商标、专利等形式倾向某一特定的投标人，排斥其他投标人；不得向任何投标人泄露标底或其他可能妨碍公平竞争的信息；在开标过程中，应吸收所有投标人参加开标会，由公证机关公证人员或投标人代表当众核查密封，当场监督；所有在投标截止期前收到的投标都应当在开标时当众打开和进行唱标；对所有在投标截止日期以后送到的投标文件都应拒收；要公开评标标准和评标办法，保证评标委员会评标过程的公正性；在确定和组成评标委员会时，必须要依法进行，与投标人有利害关系的人员不得作为评标委员会成员，保证评标委员会人员组成的公正性；评标委员会在评标的过程中，必须严格依据招标文件中既定的评定标准，客观公正地评价各份合格投标书；在签订承包合同时，必须公正地签订所有条款，任何条款都不得对某一方具有明显的倾向性。对不公正、不公平的做法，投标人可在公示期向主管监督部门提出投诉等。总之，只有做到一视同仁、平等相待、机会均等，才能确保公平竞争。

8. 程序的规范性

工程建设项目招标投标的规范性要求招标投法的程序必须规范，要严格按照法律法规安排出招标投标的日程，按照招标—投标—开标—评标—中标—签订合同这一相对规范和成熟的程序，依次进行工程建设项目招标投标各个环节的具体工作。操作必须规范，有关手续的办理一定要严格、完备，投标文件必须采用书面形式按规定时间、地点报送，若以电报、传真等方式提出的投标必须经书面确认。标书必须密封、盖章并妥善保管，开标前应检查标书密封是否完好。启封后的标书需经审查，符合招标文件要求的方能参加评标。合同文件必须规范，一方面，工程建设项目招标文件的内容按照通行的规则，必须包括招标书或投标邀请书、投标人须知、合同条件、工程量清单、技术规范、图样及有关设计资料、投标书及其附件格式等；另一方面，合同条件的设置要规范，必须严格遵循法律法规和国际惯例，如使用建设部施工合同示范文本等。随着《招标投标法》的全面贯彻执行，国务院有关行政监督部门已出台了一些必须强制执行的程序规定，使招标投标工作不仅有法可依，而且有章可循。所有这些，都将有力地促进招标行为的规范化。

招标投标机制上的这些基本特性，充分体现它确实是一种有组织的、成熟的、规范的和科学的特殊交易方式。它的这些机制特点，不仅保证了投标人在市场经济条件下进行最大限度的竞争，使参与投标的供应厂商和承包商获得公平、公正的待遇，而且提高了招标人采购的透明度，促进了资金的节约和采购效益的最大化，同时还可以起到有效地防止采购行为"私下交易"、杜绝"暗箱操作"、遏止腐败现象发生的重要作用。

1.2.3 招标投标管理的职能

工程招标投标管理的职能是指招标投标管理活动本身专业分工所形成的各种具体管理职责和功能。以招标投标管理主体的具体活动而区分的管理职能，能有效规范管理者在管理过程中的职责，使管理对象按照预期目标运转起来，其主要职能有以下方面：

1. 预测与决策职能

预测主要是通过收集和运用各种信息，对招标项目的规划、性质、地区、结构等的未来发展走势，作出预见或推断，并预测参加投标的人数、热心程度及经营状况等，作为招标投标决策的重要依据。没有预测，就不能对招投标进行有效地管理。决策是对未来的招标与投标活动所做的规划和安排，它是招标投标管理的一项基本职能。决策的正确或失误决定着事业的成败。正确的决策，要求对管理对象的发展变化具有预见性。

2. 计划与规划职能

计划或规划是把决策具体化和数量化，是贯彻执行决策的具体步骤和具体部署。在社会主义条件下，不仅招标单位与投标单位要制订招标与投标计划，而且各部门、各地区的计划、建设部门也要制订招标投标计划，使工程建设任务与建筑业施工力量大体平衡；使工程建设技术要求与施工队伍的状况大体协调，以保证工程建设任务的完成。国家对建设工程中招标投标活动的计划管理，是社会主义制度的重要特征之一。

3. 组织与协调

投标招标管理中的组织与协调职能，就是按照计划或规划的要求，处理好招标与投标之间关系，使其密切结合，从时间上、空间上保证招标投标活动正常进行。为了执行组织与协调职能，就要搞好管理工作本身的组织与协调，包括建立和健全管理机构、规定规章制度，制订招标投标的方针政策，进行投标招标立法，使投标招标的各项工作有节奏、有秩序、有规范地进行。

4. 核算与分析职能

核算与分析职能，即对招标与投标活动中各类工程的标价水平及中标率进行计算与分析。它贯穿在上述各种职能中。对投标与招标管理对象核算体系的运算，可反映招标与投标过程的全部数量和质量关系。搞好这些资料的分析，对提高招标与投标各项管理工作的质量和水平是十分必要的。

5. 监督与控制职能

监督与控制活动是管理工作的一个重要内容。招标投标活动在其实际执行过程中，由于各种因素的影响，招标单位不具备条件，投标单位不具备资格，或在招标过程中，搞假招标或搞垄断投标等现象时有发生，这就需要对招标与投标活动进行审查与监督，对符合条件的对象进行必要的保护，对不符合条件的对象进行及时地清除，对违规违法行为采取必要措施加以纠正，推动招标与投标活动的正常进行。为了有效地进行监督和控制，就要建立周密的、高效率的管理信息系统，健全责任制度，使控制及时有效。

6. 疏通与服务职能

服务职能是为招标与投标活动能够顺利进行而提供各种条件所进行的活动。建设工程的招标与投标活动的运行，必须具有良好的环境和条件，为其提供信息，疏通渠道，排除障碍，这是投标与招标管理服务的重要内容。

1.2.4 建设工程招标投标活动的基本原则

1. 合法原则

合法原则，是指建设工程招标投标主体的一切活动必须符合法律、法规、规章和有关政策的规定，即：

（1）主体资格要合法。招标人必须具备一定的条件才能自行组织招标，否则只能委托具有相应资格的招标代理机构组织招标；投标人必须具有与其投标的工程相适应的资格等级，并经招标人资格审查，报建设工程招标投标管理机构进行资格复查。

（2）活动依据要合法。招标投标活动应按照相关的法律、法规、规章和政策性文件开展。

（3）活动程序要合法。建设工程招标投标活动的程序，必须严格按照有关法规规定的要求进行。当事人不能随意增加或减少招标投标过程中某些法定步骤或环节，更不能颠倒次序、超过时限、任意变通。

（4）对招标投标活动的管理和监督要合法。建设工程招标投标管理机构必须依法监管、依法办事，不能越权干预招（投）标人的正常行为或对招（投）标人的行为进行包办代替，也不能懈怠职责、玩忽职守。

2. 统一、开放原则

统一原则是指：

（1）市场必须统一。任何分割市场的做法都是不符合市场经济规律要求的，也是无法形成公平竞争的市场机制的。

（2）管理必须统一。要建立和实行由建设行政主管部门（建设工程招标投标管理机构）统一归口管理的行政管理体制。在一个地区只能有一个主管部门履行政府统一管理的职责。

（3）规范必须统一。如市场准入规则的统一，招标文件文本的统一，合同条件的统一，工作程序、办事规则的统一等。

只有这样，才能真正发挥市场机制的作用，全面实现建设工程招标投标制度的宗旨。

开放原则，要求根据统一的市场准入规则，打破地区、部门和所有制等方面的限制和束缚，向全社会开放建设工程投标市场，破坏地区和部门保护主义，反对一切人为的对外封闭市场的行为。

3. 公开、公平、公正原则

公开原则是指建设工程招标投标活动应具有较高的透明度，具体有以下几层意思：

（1）建设工程招标投标的消息公开。通过建立和完善建设工程项目报建登记表，就是及时向社会发布建设工程招标投标信息，让有资格的投标者都能享受到同等的消息。

（2）建设工程招标投标的条件公开。什么情况下可以组织招标，什么机构有资格组织招标，什么样的单位有资格参加投标等，必须向社会公开，便于社会监督。

（3）建设工程招标投标的程序公开。在建设工程招标投标的全过程中，招标单位的主要招标活动程序、投标单位的主要投标活动程序和招标投标管理结构主要监管程序，必须公开。

（4）建设工程招标投标的结果公开。哪些单位参加投标，哪些单位中了标，应当予以公开。

公平原则，是指所有投标人在建设工程投标活动中，享有均等机会，具有同等的权利，履行相应的义务，任何一方都不能歧视。

公正原则，是指在建设工程投标活动中，按照同一投标实事求是地所有的投标人，不偏袒任何一方。

4. 诚实信用原则

诚实信用原则，是指在建设工程招标投标活动中，招（投）标人应当以诚相待、讲求信义、实事求是，做到言行一致、遵守诺言、履行成约，不得见利忘义、投机取巧、弄虚作假、隐瞒欺诈，损害国家、集体和其他人的合法权益。诚实信用原则是市场经济的基本前提，是建设工程招标投标活动中的重要道德规范。

5. 求效、择优原则

求效、择优原则，是建设工程招标投标的终极原则。实行建设工程招标投标的目的，就是要追求最佳的投资效益，在众多的竞争者中选出最优秀、最理想的投标人作为中标人。讲求效益和择优定标，是建设工程招标投标活动的主要目标。在建设工程招标投标活动中，除了要坚持合法、公开、公正等前提性、基础性原则外，还必须贯彻求效、择优的目的性原则。贯彻求效、择优原则，最重要的是要有一套科学合理的招标投标程序和评标定标办法。

6. 招标投标权益不受侵犯原则

招标投标权益是当事人和中介机构进行招标投标活动的前提和基础，因此，保护合法的招标投标权益是维护建设工程招标投标秩序、促进建筑市场健康发展的必要条件。建设工程招标投标活动当事人和中介机构依法享有的招标投标权益，受国家法律的保护和约束。任何单位和个人不得非法干预招标投标活动的正常进行，不得非法限制或剥夺当事人和中介机构享有的合法权益。

1.2.5 工程招标投标的意义和作用

推行工程招标投标制度，确实在工程发包中发挥了积极作用，具有重要的经济和社会价值，其意义和作用表现在下述方面：

1. 优化社会资源配置，提高固定资产投资效益

工程建设项目招标投标的本质特点是竞争，投标竞争一般是围绕工程建设项目的价格、质量、工期等关键因素进行。投标竞争使工程建设项目的招标人能够最大限度地拓宽询价范围，进行充分地比较和选择，利用投标人之间的竞争，以相对较少的投资、较短的时间来获得质量较好的、能满足既定需要的固定资产，以最低的成本开发工程建设项目，最大限度地提高业主方面资金的使用效益；激烈的投标竞争也必然迫使工程承包的相关单位加速采用新技术、新结构、新工艺、新的施工方法，注重改善经营管理，合理调配生产资料和装备，不断提高技术装备水平和劳动生产率，想方设法使企业提高设备资产的利用率，降低劳动耗费成本，以便企业不仅能在激烈的投标竞争中获胜，而且能够在施工工程中节约开支，增加盈利，有效地促进建筑企业的节能降耗，创造出更多优质、高效、低耗的产品；对于有关建筑产品生产和供应商，同样要在生产和销售过程中，以最小的投入求得最大的产出，提高资金的使用效率，提高产品生产和扩大再生产的能力和产品的竞争能力，从而促进建筑业及相关产业的发展，也有利于合理地调节固定资产再生产过程乃至整个社会再生产过程中的生产、分配、交换、消费的比例；对于整个社会而言，必将有利于全社会劳动力的合理流动和配置，有利于劳动总量的节约，有利于生产资料的合理安排和利用，使社会的各种资源通过市场竞争得到优化配置，以确保国家固定资产生产和再生产的顺利进行，确保国家固定资产投资的总体效益乃至全社会经济效益的提高。

2. 合理确定工程价格，降低工程建设成本

经过招标投标，竞争比价之后形成的工程价格，一般情况下都能较好地体现价值规律的客观要求，较灵敏地反映市场供求及价格变动状况，因而，经过竞争比价后形成的工程建设项目价格是比较合理的。依据这种合理的价格，才能够正确地反映与补偿完成各种工程建设项目中的社会必要劳动的耗费；才可能让建筑业产品与社会其他部门产品在交换过程中切实做到"等价交换"，使工程建设项目产品的价格体系逐渐趋于合理，以保证整个国民经济能够持续、稳定、健康地协调发展；才便于较好地实现以工程价格作为计量工程建设项目产品的价值尺度，作为业主和承包单位进行经济核算的重要工具，作为比较和评价各项工程产品投资效益的基本依据，使我们能更好地利用工程价格这一经济杠杆，节省和合理使用建设资金。国内、国际招标的实践证明，对建设项目中的重要设备进行招标之后，平均节资率一般能达到10%～15%。2000年，全国全年机电产品国际招标的平均节资率为17.8%，2001年为19.6%，仅此一项，2000年为国家节约外汇6.7亿美元，2001年为国家节约外汇高达10亿多美元。另据统计，通过招标，100万元以上的大型工程项目，其造价降低10%左右。大量实践已经证明，建设项目从设计、监理、施工到重要货物等实行招标后，不仅推动了建设工程管理的程序化和科学化，而且提高了工程质量，降低了工程造价，降低了工程建设成本，缩短了工程建设周期，成效明显。

3. 创造公平竞争的市场环境，促进企业间的平等竞争

推行招标投标，就是要充分运用和发挥市场竞争机制的作用，通过招标投标的竞争、择优活动，使投标人能在公开、公平、公正的环境中进行充分竞争。招标的择优选择引导竞争，竞争促进选择，形成优胜劣汰，从而使各要素在竞争和选择中自由流动与组合，使技术在竞争、选择中发展与提高，市场在竞争、选择中发育，资源在竞争、选择中发掘并得到优化配置。因此，可以说，市场经济为推广运用招标投标制度创造和提供了基础条件，而招标投标制度的普遍推广和应用促进了有序竞争，从而为进一步完善和推动我国建立社会主义市场经济体制的发展步伐发挥积极作用。招标的市场竞争机制和科学的评价方法，可以使各投标者展开充分竞争，使招标人能够择优选择中标者。也就是说，可以让那些质量保障体系可靠、技术力量强、商业信誉好、价格较低的供应商、承包商能够在平等公正的竞争中获得胜利，成为最后中标者。

4. 克服不正当竞争，防止和杜绝腐败行为

依法招标，必须严格执行《招标投标法》规定的原则、规定、标准、程序和办法，必须将采购活动置于公开、公平、公正的透明环境之中，接受有关部门和公众的监督。把招标投标活动放在阳光下操作，让那些依靠歪门邪道投标的不法竞争者没有可乘之机。实践证明，凡是严格按《招标投标法》规定进行的招标项目，不仅都能获得良好的经济效果，受到建设项目法人代表、业主或买方的欢迎，而且招标投标制度的普遍推行，确实有利于克服在采购交易中的批条子、拉关系、走后门、吃回扣等不正当竞争行为，有利于防止和杜绝假冒伪劣、行贿受贿、权钱交易等腐败现象和违法犯罪行为。

5. 提升管理水平，提高工程建设质量

进行工程招标，招标文件中一般都有非常明确和严格的质量条款、技术标准和验收办法，管理是否严格，技术是否先进、合理，质量可靠程度能否得到有效保证，是评标办法中十分重要的评审内容。招标操作过程中，只要一条或一项关键技术和质量要求得不到满足，就会导致废标。因此，投标者不仅要尽量满足招标文件的要求，而且为了取得竞标中的胜利，都会主动提出保证和提高工程质量的有效措施。投标人在中标以后，在施工过程中，为了取得用户的信任，获得社会上的良好声誉，都特别自觉重视质量问题，以便为他们今后长期竞争中取胜奠定牢固基础。因此，实行招标投标后，用户普遍都有一种放心感，因为通过

招标投标的竞争，假冒伪劣难以立足了，工程事故减少了，工程质量、产品质量普遍提高了。

6. 改进生产工艺，促进企业技术进步

建筑施工企业，在激烈的竞争中，为了生存和发展，为了在投标竞争中获胜，在施工过程中都在想方设法加强管理，提高企业的技术水平和生产能力。由于这几年全面推行建设工程招标投标制度，明显地促进了施工企业的技术进步。工程建设的招标投标，彻底改变了过去向上级要任务的计划管理模式，促使建筑企业树立了依靠自身实力求得生存与发展的观念，注重建设学习型组织，营造企业的学习和创新氛围，鼓励员工进行技术革新和改造，以期提高员工的个体素质，增强企业的竞争能力。因为只有增强了企业自身竞争优势，才能提高投标竞争的中标率，才能赢得良好的社会信誉。因此，招标投标制度的普遍推广应用，不仅加速了企业自身经营管理体制和经营方式的改革，而且还极大地调动了企业抓技术进步的积极性，有力地促进了企业的技术水平的提高。

7. 保护国家利益、社会公共利益和招标投标活动当事人的合法权益

《招标投标法》颁布后，我国招标投标活动有法可依，有章可循，招标投标制度的优越性可以得到充分发挥。无论经济效益的提高，还是质量的保证，都是从根本上保护了国家、社会公共利益和招投标活动当事人的合法权益。

8. 推进国际合作，促进经济发展。

招标投标作为世界经济技术合作和国际贸易中普遍采用的重要方式，广泛地应用于建设工程项目的可行性研究、勘察设计、物资设备采购、建筑施工、设备安装等各个方面，许多国家以立法的形式规定工程建设项目的采购（包括相关物资设备的采购），必须采用招标投标方式进行。因此，工程建设项目招标投标也即业主和承包商就某一特定工程进行商业交易和经济技术合作的行为过程。

通过招标投标进行的国际工程建设项目承包，不但可以输出工程技术和设备，获得丰厚的利润和大量的外汇，而且可以通过各种形式的劳务输出解决一部分剩余劳动力的就业问题，减轻国内劳动力就业的压力；通过对境内工程实行国际招标，在目前国际承包市场仍属买方市场的情况下，不仅能普遍地降低成本、缩短工期、提高质量，而且能免费学习国外先进的工艺技术及科学的管理方法；同时，还有利于引进外资。这对于促进国内相关产业的发展乃至整个国民经济的发展都是大有益处的。此外，工程建设项目招标投标对于促进我国工程建设项目承包的相关单位增强企业的活力、建立现代企业制度、培育和发展国内的工程承包市场等都发挥着积极的作用。

小　　　结

市场的出现是随着商品交换的产生而产生，并随着商品交换的发展而发展的。随着生产力的发展，劳动产品有了剩余，商品交换便开始出现，市场也随之形成。按照社会主义市场经济理论来划分，市场有广义和狭义之分。工程建设市场也分为广义和狭义两种市场。广义的工程建设市场是工程建设生产和交易关系的总和。狭义的工程建设市场一般是指有形的工程建设市场，有固定的交易场所和内容。

根据我国现行法规的规定，我国从事工程建设活动的单位划分为：房地产开发企业、工

程总承包企业、工程勘察设计单位、工程监理单位、建筑业企业和混凝土预制构件及商品混凝土生产企业。

工程建设程序是在认识工程建设客观规律基础上总结提出的，是工程建设全过程中各项工作都必须遵守的先后次序。它也是工程建设各环节相互衔接的顺序。我国工程建设程序分为五个阶段：工程建设前期阶段—工程建设准备阶段—工程建设实施阶段—工程验收与保修阶段—终结阶段。各个阶段又包括若干环节。

建设工程交易中心，信息服务功能、场所服务功能、集中办公功能，实行集中办公、公开办事制度和程序，以及"一条龙"的窗口服务，不仅有力地促进了工程招投标制度的推行，而且遏制了违法违规行为，对于防止腐败、提高管理透明度收到了显著的成效。

招标投标是一种特殊的市场交易方式，是采购人事先提出货物工程或服务采购的条件和要求，邀请众多投标人参加投标并按照规定程序从中选择交易对象的一种市场交易行为。所谓工程招标，是指招标人就拟建工程发布公告，以法定方式吸引承包单位自愿参加竞争，从中择优选定工程承包方的法律行为。所谓工程投标，是指响应招标、参与投标竞争的法人或者其他组织，按照招标公告或邀请函的要求制作并递送标书，履行相关手续，争取中标的过程。招标人是指依法提出招标项目、进行招标的法人或者其他组织。投标人是指响应招标人招标需求并购买招标文件，参加投标竞争活动的法人或其他组织。工程招标投标是一种具有自身特色的市场交易方式，它具有以下基本特征：竞争的激烈性、组织的严密性、信息的公开性、报价的一次性、价格的合理性、管理的法治性、过程的公正性、程序的规范性。

工程招标投标管理的职能是指招标投标管理活动本身专业分工所形成的各种具体管理职责和功能。其主要职能有以下方面：预测与决策职能、计划与规划职能、组织与协调职能、核算与分析职能、监督与控制职能、疏通与服务职能。

推行工程招标投标制度，具有重要的经济和社会价值，其意义和作用表现在：优化社会资源配置，提高固定资产投资效益；合理确定工程价格，降低工程建设成本；创造公平竞争的市场环境，促进企业间的平等竞争；克服不正当竞争，防止和杜绝腐败行为；提升管理水平，提高工程建设质量；改进生产工艺，促进企业技术进步；保护国家利益、社会公共利益和招标投标活动当事人的合法权益；推进国际合作，促进经济发展。

习 题

一、名词解释

招标 投标 招标人 投标人

二、选择题（单选或多选）

1. 响应招标人招标需求并购买招标文件，参加投标竞争活动的法人或其他组织是（ ）。

A. 招标人　　　　　B. 投标人　　　　　C. 法人

2. 工程招标投标具有如下职能：（ ）。

A. 竞争的激烈性　　B. 组织的严密性　　C. 报价的一次性　　D. 信息的公开性

三、填空题

1. 1984 年 11 月，原国家计委和原城乡建设环境保护部联合制定了《建设工程招标投标暂行规定》，这标志着我国建筑承包市场开展_____工作的正式启动。

2. 招标投标方式与其他贸易方式相比，具有如下优势：＿＿＿＿＿＿、＿＿＿＿＿＿、＿＿＿＿＿＿、＿＿＿＿＿＿。

3. 具备条件的招标人，可按规定自行办理招标的，叫＿＿＿＿＿＿。

4. 由招标人委托招标机构进行的代理招标，称作＿＿＿＿＿＿。

5. 接受他方委托的招标代理机构进行的招标活动叫＿＿＿＿＿＿。

6. "委托招标"，也被视为招标人＿＿＿＿＿＿。

四、问答题

1. 工程招标投标具有何种特征？

2. 工程招标投标管理具有哪些职能？

3. 推行招标投标具有什么意义和作用？

第 2 章 工 程 招 标

【学习目标】学习工程招标的概念、要求，了解工程招标的组织机构、人员配备。认识工程招投标法律责任的重要性，熟悉工程招标的程序、方式、种类和范围，在熟悉这些知识的基础上重点培养学生编制工程招标材料的能力。

招标是整个招标投标过程的第一个环节，是对投标、评标、定标有直接影响的关键环节，所以在整个招标投标过程中应该对招标这个环节确立明确的规范。要求在招标中有严格的程序、较高的透明度、严谨的行为规则，以求有效地调整在招标中形成的社会经济关系。

2.1 工程招标的程序和要求

2.1.1 工程招标的程序

工程招标投标的程序分为招标、投标、开标、评标、定标和订立合同六个步骤，可分为准备、招标投标和决标 3 个阶段。工程招标程序如图 2-1 所示。

1. 工程招标准备阶段

该阶段的主要工作有：确定招标的范围、办理工程报建手续、办理招标备案、选择招标方式、编制招标有关文件和标底等。

（1）确定招标的范围。按建设工程范围来进行招标，包括：总承包招标（全过程总承包招标），建设过程不同阶段的招标（可行性研究阶段、工程勘察设计阶段、施工阶段等分别进行招标）及专项工程承包招标。按建设工程不同的行业来招标，包括：勘察、设计招标，施工招标，货物采购招标，建设监理招标，以及设备安装招标等。

（2）工程项目报建。工程项目立项批准文件或年度投资计划下达后，具备《工程建设项目报建管理办法》规定条件的，建设单位须向当地建设行政主管部门或其授权机构进行报建。未报建的工程建设项目，不得办理招标手续和发放施工许可证，设计、施工单位不得承接此类工程的设计和施工任务。

1）建设工程报建的范围：各类房屋建筑、土木工程、设备安装、管道线路敷设、装饰装修工程等建设工程。

2）工程项目报建内容主要包括：工程名称、建设地点、投资规模、资金来源、当年投资额、工程规模、发包方式、计划开竣工日期、工程筹建情况等。

3）报建程序：①建设单位到建设行政主管部门或其授权机构领取《工程建设项目报建表》，格式见表 2-1。②按报建表的内容及要求认真填写。③向建设行政主管部门或其授权机构报送《工程建设项目报建表》，一式三份，建设行政主管部门、招标管理机构和建设单位各一份。

（3）审查招标人资质。资质审查主要是审查招标人是否具备自行招标条件，不具备条件的，须委托有资格的招标代理机构办理招标（详见2.2.4）。

（4）申请招标。招标人自己组织招标或委托招标代理机构后，应持《工程建设项目报建表》到相应的招标投标管理部门领取并填报《建设工程项目招标申请表》，并交验下列合法证明文件：

1）立项批准文件或年度投资计划。

2）固定资产投资许可证。

3）建设工程规划许可证。

4）资金证明。

5）属于建筑开发企业的应交验《资质证书》和《企业法人营业执照》。

6）属于邀请招标的工程项目必须事先提交书面申请，经建设行政主管部门批准后按规定的程序实施。

（5）招标备案。招标人或其委托的招标代理机构在发布招标公告或投标邀请书5日前，应向建设行政主管部门办理招标备案，建设行政主管部门自收到备案资料之日起5个工作日内没有异议的，招标人可以发布招标公告或投标邀请书。

（6）确定招标方式。招标人按照《招标投标法》和其他相关法律法规的规定确定招标方式。如公开招标、邀请招标（详见2.2节）。

（7）编制招标有关文件

1）招标有关文件的编制。招标有关文件包括资格审查文件（资格预审通告、资格预审申请书、资格预审须知和资格预审合格通知书）、招标公告、招标文件、合同协议条款等。其中，招标文件应当根据招标项目的特点和需要编制，包括招标项目的技术要求、对投标人资格审查的标准、投标报价要求和评标标准等所有实质性要求和条件以及拟签订合同的主要条款。具体格式内容我们将在2.3中作详细介绍。上述所有文件的格式都应当采用工程所在地通用的和国家统一编写的文本进行编制。

2）编制标底。标底是招标人编制（或委托招标代理机构编制）的招标项目的预期价格。在设立标底的招投标过程中，它是一个十分敏感的指标。

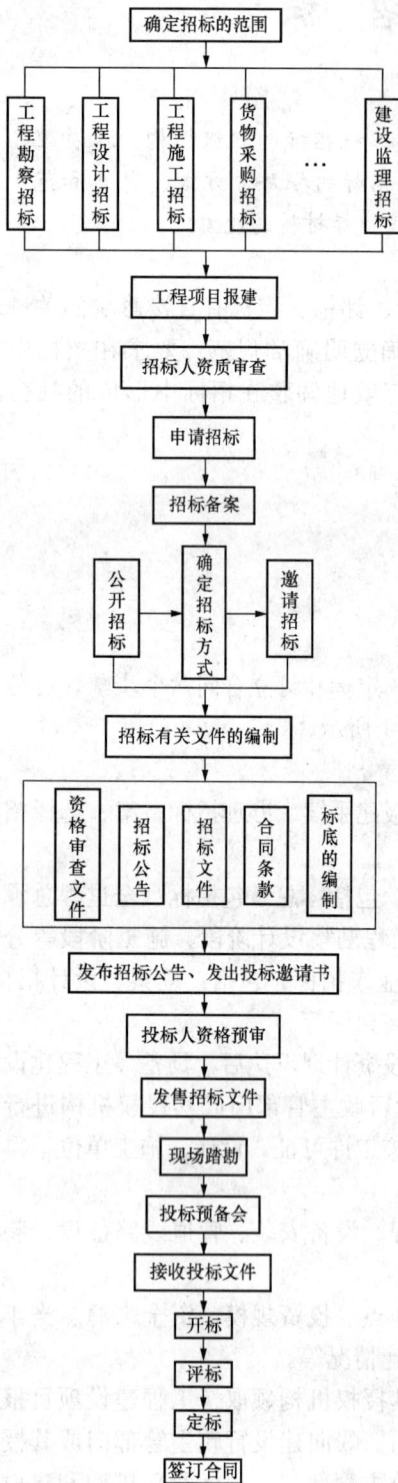

图 2-1　工程招标程序

表 2 - 1　　　　　　　　　　　　　　**工程建设项目报建表**

建设单位		单位性质	
工程名称			
工程地点			
投资总额		当年投资	
资金来源构成	政府投资　%；自筹　%；贷款　%；外资　%		
立项文件名			
文号			
工程规模			
计划开工日期		计划竣工日期	
发包方式			
银行资信证明			

工程筹建情况

报建单位：

法定代表人：　　　　　经办人：　　　　　　电话：

填报日期：　年　月　日

2. 工程招投标阶段

主要包括发布招标公告或发出投标邀请书、资格预审、发售招标文件、踏勘现场、投标预备会、递交投标文件等。

（1）发布招标公告或发出投标邀请书。招标公告和投标邀请书都是以书面的形式吸引特定的、不特定的潜在投标人来参加投标。招标公告或者投标邀请书应当至少载明下列内容：

1）招标人的名称和地址。

2）招标项目的内容、规模、资金来源。

3）招标项目的实施地点和工期。

4）获取招标文件或者资格预审文件的地点和时间。

5）对招标文件或者资格预审文件收取的费用。

6）对投标人的资质等级的要求。

（2）资格审查

1）发布资格预审公告。资格预审公告是以公告的形式广泛邀请潜在投标人来参加资格审查。它在形式和内容上基本和招标公告相似，通常有两种做法：一种是在招标公告中写明将进行投标资格预审，并通告领取或购买投标资格预审文件的地点和时间；另一种就是另行刊登资格预审公告，但一般不再公开发布招标公告。《标准施工招标资格预审文件（2007 年版）》中给出的资格预审公告格式如下：

资格预审公告

_____（项目名称）_____标段施工招标

资格预审公告（代招标公告）

1 招标条件

本招标项目_____（项目名称）已由_____（项目审批、核准或备案机关名称）以_____（批文名称及编号）批准建设，项目业主为_____，建设资金来自_____（资金来源），项目出资比例为_____，招标人为_____。项目已具备招标条件，现进行公开招标，特邀请有兴趣的潜在投标人（以下简称申请人）提出资格预审申请。

2 项目概况与招标范围

_____（说明本次招标项目的建设地点、规模、计划工期、招标范围、标段划分等）。

3 申请人资格要求

3.1 本次资格预审要求申请人具备_____资质，_____业绩，并在人员、设备、资金等方面具备相应的施工能力。

3.2 本次资格预审_____（接受或不接受）联合体资格预审申请。联合体申请资格预审的，应满足下列要求_____。

3.3 各申请人可就上述标段中的_____（具体数量）个标段提出资格预审申请。

4 资格预审方法

本次资格预审采用_____（合格制/有限数量制）。

5 资格预审文件的获取

5.1 请申请人于_____年_____月_____日至_____年_____月_____日（法定公休日、法定节假日除外），每日上午_____时至_____时，下午_____时至_____时（北京时间，下同），在_____（详细地址）持单位介绍信购买资格预审文件。

5.2 资格预审文件每套售价_____元，售后不退。

5.3 邮购资格预审文件的，需另加手续费（含邮费）_____元。招标人在收到单位介绍信和邮购款（含手续费）后_____日内寄送。

6 资格预审申请文件的递交

6.1 递交资格预审申请文件截止时间（申请截止时间，下同）为_____年_____月_____日_____时_____分，地点为_____。

6.2 逾期送达或者未送达指定地点的资格预审申请文件，招标人不予受理。

7 发布公告的媒介

本次资格预审公告同时在_____（发布公告的媒介名称）上发布。

8 联系方式

招 标 人：_____ 招标代理机构：_____

地　　址：_____ 地　　址：_____

邮　　编：_____ 邮　　编：_____

联 系 人：_____ 联 系 人：_____

电　　话：_____　　电　　话：_____
传　　真：_____　　传　　真：_____
电子邮件：_____　　电 子 邮 件：_____
网　　址：_____　　网　　址：_____
开户银行：_____　　开 户 银 行：_____
账　　号：_____　　账　　号：_____

_____年_____月_____日

2）资格审查。资格审查分为资格预审和资格后审两种。资格预审是指招标人在发放招标文件前，对报名参加投标的承包商的承包能力、业绩、资格和资质、财务状况、相关信誉等进行审查，并确定合格的投标人名单的过程；在评标时进行资格审查的称为资格后审。两种审查的内容基本相同，通常公开招标采用资格预审方法，邀请招标采用资格后审方法。进行资格预审的，一般不再进行资格后审，但招标文件另有规定的除外。

参加资格审查应当提供下列资料：①确定投标人法律地位的原始文件，要求提交营业执照和资质证书的副本。②履行合同能力方面的资料。③项目经验方面的资料，如过去 3 年完成的与本合同相似项目的情况和现在履行合同的情况。④财务状况的资料，如近两年经审计的财务报表和下一年度的财务预测报告。⑤企业信誉方面的资料，如目前和过去两年参与或涉及仲裁和诉讼案件的情况、过去 3 年中发包人对投标人履行合同的评价等。

3）发放资格预审合格通知书。经资格预审后，招标人应当向资格预审合格的潜在投标人发出资格预审合格通知书，告知获取招标文件的时间、地点和方法，并同时向资格预审不合格的潜在投标人告知资格预审结果。资格预审不合格的潜在投标人不得参加投标。

（3）发售招标文件。招标人按照资格预审确定的投标人名单或者发出投标邀请书的名单来发售招标文件，同时应向建设主管部门备案。建设主管部门发现招标文件有违反法律法规内容的，责令其改正。招标人发放招标文件可以收取工本费，对其中的设计文件可以收取押金，宣布中标人后收回设计文件并退还押金。

招标人对已发出的招标文件进行必要的澄清或者修改的，应当在招标文件要求提交投标文件截止时间至少 15 日前，以书面形式通知所有招标文件收受人，招标文件收受人在收到招标文件的澄清或修改内容后应以书面形式确认。该澄清或者修改的内容为招标文件的组成部分，对招标人和投标人均起到约束作用。

（4）现场踏勘。招标人可组织投标人进行现场踏勘，了解工程场地周围环境情况，收集有关信息，使投标人能依据现场条件提出合理的报价。

（5）投标预备会。投标预备会，也称标前会议，主要用来澄清招标文件中的疑问，解答投标人提出的有关招标文件和现场勘察的问题。标前会议一般安排在招标文件发出后的 7～28 天内举行。参加会议的人员包括招标人、投标人、代理人、招标文件编制单位的人员、招标投标管理机构的人员等，会议由招标人主持。

3. 决标阶段

主要工作是接收投标文件、开标、评标、定标和签订合同。

（1）接收投标文件。投标人根据招标文件的要求编制好投标文件，并按规定进行密封和作好标志，在投标截止时间前，送达指定的地点。招标人可以在招标文件中要求投标人提交投标保证金。投标保证金一般不得超过投标总价的 2%，最高不得超过 80 万元人民币。投标人应当按照招标文件要求的方式和金额，将投标保证金随投标文件提交给招标人。投标人不按招标文件要求提交投标保证金的，该投标文件将被拒绝。

（2）开标。在提交投标文件截止时间的同一时间公开进行开标，开标地点应当为招标文件中预先确定的地点，开标会议由招标人主持。

（3）评标。由招标人依法组建的评标委员会负责。在招标管理机构的监督下，评标委员会依据评标原则、评标方法对各投标单位递交的投标文件进行综合评价，公正合理、择优选择中标单位。

（4）定标。招标人根据评标委员会提出的书面评标报告和推荐的中标候选人确定中标人。中标人确定后，招标人应当向中标人发出中标通知书，并同时将中标结果通知所有未中标的投标人。

（5）签订合同。招标人和中标人应当自中标通知书发出之日起 30 日内，按照招标文件和中标人的投标文件订立书面合同。

2.1.2 工程招标的要求

招标投标活动是一项涉及面广、竞争性强、利益关系敏感的经济活动，在整个活动中严格规范每个环节，对工程招标的各要素做好如下要求。

1. 招标人和招标项目的要求

（1）招标人必备的条件。招标人是指依法提出施工招标项目、进行招标的法人或者其他组织。招标主体主要是工程建设项目的建设单位（项目法人）、企业以及实行政府采购制度的国家机关。从定义上来看成为招标人必须具有以下 3 个条件：

1）要有可以依法进行招标的项目，也就是要有可以进行交易的对象，只有这样才能形成交易。

2）是否具有合格的招标项目，关键在于是否具有与项目相适应的资金或者可靠的资金来源以及项目进行招标必备的条件。

3）招标人为法人或者其他组织，是依法进入建筑市场进行活动并能独立承担责任、享有权利的经济实体。

作为工程招标人在符合上述条件的同时还应该具备自行招标条件，不具备的须委托有资格的招标代理机构办理招标进行招标（详见 2.2.4）。

【特别提示】在《招标投标法》中定义的招标人必须是法人或其他组织，自然人不能成为招标人。我国《民法通则》规定，法人是具有民事权利能力和民事行为能力，依法独立享有民事权利和承担民事义务的组织。法人应当具备下列条件：①依法成立。②有必要的财产或者经费。③有自己的名称、组织机构和场所。④能够独立承担民事责任。

按照民法通则的规定，法人包括企业法人、事业单位法人、机关法人和社会团体法人。企业法人包括公司和其他具有法人资格的企业。如各种所有制形式的有限责任公司和股份有限公司、国有独资公司、公司以外其他类型的国有企业和集体所有制企业，以及依法取得法人资格的中外合作经营企业、外资企业等，都具有作为招标人参加招标投标活动的权利能力；有独立经费的各级国家机关和依法取得法人资格的事业单位、社会团体等，也都具有作为招标人参加招标投标活动的权利能力。

《招标投标法》中所称的其他组织是指除法人以外的其他实体，包括合伙企业、个人独资企业和外国企业以及企业的分支机构等。这些企业和机构也可以作为招标人参加招标投标活动。鉴于招标采购的项目通常标底大，耗资多，影响范围广，招标人责任较大，为了切实保障招投标各方的权益，本法未赋予自然人成为招标人的权利。但这并不意味着个人投资的项目不能采用招标的方式进行采购。个人投资的项目，可以成立项目公司作为招标人。

（2）施工招标项目必备的条件。2003 年 5 月 1 日起施行的《工程建设项目施工招标投标办法》中规定：依法必须招标的工程建设项目，应当具备下列条件才能进行施工招标：

1）招标人已经依法成立。

2）初步设计及概算应当履行审批手续的，已经批准。

3）招标范围、招标方式和招标组织形式等应当履行核准手续的，已经核准。

4）有相应资金或资金来源已经落实。

5）有招标所需的设计图样及技术资料。

2. 其他相关要求

（1）程序规范。在招标投标活动中，从招标、投标、评标、定标到签订合同，每个环节都有严格的程序、规则。这些程序和规则具有法律约束力，当事人不能随意改变。

（2）招标公告、投标邀请书。不管是公开招标还是邀请招标，都需通过招标公告或投标邀请书等文书的形式告知法人或者其他组织参加投标竞争。目的是为了选择资质较高、资信度良好、实力雄厚的投标人，从而保证工程质量、进度和造价达到预期目标。

（3）招标文件编制。在招标投标活动中，招标人必须编制招标文件，招标文件是投标人编制投标文件参加投标的依据，也是招标人组织评标委员会对投标文件进行评审和比较从而选出中标人的依据。招标人或招标代理机构在招标文件编制过程中要认真严谨、条例清晰、前后一致，以免潜在投标人对招标文件的理解产生歧义，造成无法挽回的后果。招标文件的内容必须体现公开、公平、公正的原则，符合公平竞争的要求，不得限制和排斥公平竞争，与此相违背的皆为法律所不允许。招标文件的编制是区别招标与其他采购方式的最主要特征之一。

（4）招标方式。招标方式的选择是工程招标所必需的前提。《招标投标法》中规定了两种招标方式，即公开招标和邀请招标，并排除了有人称之为协议招标的一对一的谈判方式。那么，选择哪种招标方式，作为招标人应根据招投标法中的有关规定及这两种方式的优缺点来考虑。

（5）公开性。招标投标活动的基本原则是"公开、公平、公正、诚实信用"，将采购行为置于透明的环境中，防止腐败行为的发生。"公开"这一特性在招标过程中必不可少，招标人要在指定的报刊或其他媒体上发布招标公告，邀请所有潜在的投标人参加投标；在招标文件中详细说明拟采购工程的技术规格，评价和比较投标文件以及选定中标者的标准；在提交投标文件时公开开标；在确定中标人前，招标人不得与投标人就投标价格、投标方案等实质性内容进行谈判。

（6）保密性。《招标投标法》第二十二条严格规定：招标人不得向他人透露已获取招标文件的潜在投标人的名称、数量以及可能影响公平竞争的有关招标投标的其他情况。招标人设有标底的，标底必须保密。

（7）场所固定、一次成交。在一般的交易活动中，买卖双方的交易场所可以灵活选择，且需要多次谈判后才能成交。招投标则不同，所有项目都在建设工程交易中心内完成，投标人在递交投标文件后、确定中标之前，双方就投标价格等实质性内容不得进行谈判。交易关系一旦形成，设计、施工等承包必须按约定履行义务，不可退换。

2.2 工程招标的组织和准备

2.2.1 工程招标的机构和人员

1. 招标机构的组建

工程招标是在招标机构的组织下进行的，招标机构的工作水平直接关系着招标的成败。因此，建设工程施工招标准备工作中的首要任务就是精心地组建或选择招标工作机构。由于工程招标是一项经济性、技术性较强的专业民事活动，因此招标人自己组织招标，必须具备一定的条件，设立专门的招标组织，经招标投标管理机构审查合格，确认其具有编制招标文件和组织评标的能力，能够自己组织招标后，发给招标组织资质证书。招标人只有持有招标组织资质证书的，才能自己组织招标、自行办理招标事宜。否则，须委托招投标代理机构。

工程招标代理机构的选定要与招标项目相匹配。业主应考察拟定代理机构的实际操作能力（注册资本金、专职人员职称年限、技术经济负责人的工程管理经验以及工程招标代理机构的信用档案信息等）。

2. 选择招标机构成员

招标机构的成员要求有很强的实践工作经验及深广的专业技术知识，所选人员必须具备这样一些基本条件：有较强的文字写作能力；熟悉国际、国内工程承包市场材料、劳务承包市场行情；熟悉国际、国内与施工招标有关的法规、政策；具备金融、贸易、财务、法律、工程技术、施工管理等方面的专业知识；涉及国际工程的须精通国际通用语言。如本地区施工管理、造价咨询知名专家和咨询管理公司的人员都可作为招标工作机构的人员选择范围。

3. 招标工作机构的主要职责

确定工程项目的招标发包范围以及承包方式；选择招标工程拟用的合同类型及相应的价格形式；决定工程的招标形式和方法；安排工程项目的招标日程；发布招标及投标人资格审查信息；编制并发售招标文件；制订工程招标标底；负责投标人资格审查，确定合格投标人；组织投标人勘察工程现场并答疑；接受并保管投标文件；组织开标；负责评标；进行决标；组织谈判签约。

2.2.2 工程招标的种类和范围

1. 工程招标的种类

建设工程项目招标投标涉及面广、种类繁多,按照不同的标准可以有以下不同的分类:

(1) 按照工程建设程序分类

1) 建设项目咨询招标。建设项目咨询招标是指对建设项目的可行性研究任务进行的招标。投标方一般为工程咨询企业。中标的承包方要根据招标文件的要求,向发包方提供拟建工程的可行性研究报告,并对其结论的准确性负责。承包方提供的可行性研究报告,应获得发包方的认可。

2) 勘察设计招标。勘察设计招标指根据已批准的可行性研究报告,择优选择勘察设计单位。勘察和设计是两种不同性质的工作,可由勘察单位和设计单位分别完成。勘察单位最终提出包括施工现场的地理位置、地形、地貌、地质、水文等在内的勘察报告。设计单位最终提供设计图样和成本预算结果。如果施工图设计不是由专业的设计单位承担,而是由施工单位承担,一般不进行单独招标投标。勘察设计招标的突出特点是比较注重方案的优劣、费用的高低以及资历和社会的信誉程度等。

3) 材料设备采购招标。材料设备采购招标是指在工程项目初步设计完成后,对建设项目所需的建筑材料和设备(如电梯、供配电系统、空调系统等)采购任务进行的招标。投标方通常为材料供应商或成套设备供应商。这种方式适用于建设项目中工程设备供应技术复杂、数量较大的情况。

4) 工程施工招标。工程施工招标是在工程项目的初步设计或施工图设计完成后,用招标的方式选择施工单位的招标。施工单位最终向业主交付按招标设计文件规定的建筑产品。工程施工包括施工现场准备、土建工程、设备安装工程、环境绿化工程等。

其特点主要有:①在招标条件上,比较强调建设资金的充分到位。②在招标方式上,强调公开招标、邀请招标。③在投标和评标、定标中,要综合考虑价格、工期、技术、质量、安全、信誉等因素,价格因素所占分量比较突出。

(2) 按工程发包的范围分类

1) 工程全过程总承包招标,即选择项目全过程总承包人招标,这种又可分为三种类型:其一是指工程项目实施阶段的全过程招标,是在设计任务书完成后,从项目勘察、设计到施工交付使用进行一次性招标;其二是指工程项目建设全过程的招标,是从项目的可行性研究到交付使用进行一次性招标;其三是对整个工程建设项目的某一阶段(如施工)或某几个阶段(如设计、施工、材料设备采购等)实行一次性总承包。

2) 工程分包招标,是指中标的工程总承包人以其中标范围内的工程任务作为招标工程,通过招标投标的方式,分包给具有相应资质的分承包人,中标的分承包人只对招标的总承包人负责。

3) 专项工程承包招标,指在工程承包招标中,对其中某项比较复杂或专业性强、施工和制作要求特殊的单项工程进行单独招标。例如,勘察设计阶段的工程地质勘察、洪水水源勘察、基础或结构工程设计、工艺设计;施工阶段的基础施工、金属结构制作和安装等。

（3）按建设项目组成分类。按照工程建设项目的组成，可以将建设工程招标投标分为：

1）建设项目招标，是指对一个建设项目（如一所学校或工厂）的全部工程进行的招标。

2）单项工程招标，是指对一个工程建设项目中所包含的单项工程（如一所学校的教学楼、图书馆、食堂等）进行的招标。

3）单位工程招标，是指对一个单项工程所包含的若干单位工程（如实验楼的土建工程）进行招标。

4）分部工程招标，是指对一项单位工程包含的分部工程（如土石方工程、深基坑工程、装饰工程等）进行招标。

（4）按行业或专业类别分类

1）土木工程招标，是指对建设工程中土木工程施工任务进行的招标。

2）勘察设计招标，是指对建设项目的勘察设计任务进行的招标。

3）货物采购招标，是指对建设项目所需的建筑材料和设备采购任务进行的招标。

4）安装工程招标，是指对建设项目的设备安装任务进行的招标。

5）建筑装饰装修招标，是指对建设项目的建筑装饰装修的施工任务进行的招标。

6）生产工艺技术转让招标，是指对建设工程生产工艺技术转让进行的招标。

7）工程咨询和建设监理招标，是指对工程咨询和建设监理任务进行的招标。

【特别提示】工程建设监理招标是指建设单位或个人委托具有相应资质的监理单位和监理工程师，独立对工程建设过程进行组织、协调、监督、控制和服务的专业化活动。其主要特点是：①在性质上属工程咨询招标投标的范畴。②在招标的范围上，可以包括工程建设过程中的全部工作，如项目建设前期的可行性研究、项目评估等，项目实施阶段的勘察、设计、施工等，也可以只包括工程建设过程中的部分工作，通常主要是施工监理工作。③在评标、定标上综合考虑监理规划（或监理大纲）、人员素质、监理业绩、监理取费、检测手段等因素，但其中最主要的考虑因素是人员素质，其分值所占比重较大。

（5）按照工程是否具有涉外因素分类

1）国内工程招标，是指对本国没有涉外因素的建设工程进行的招标。

2）国际工程招标，是指对有不同国家或国际组织参与的建设工程进行的招标。国际工程招标，包括本国的国际工程（习惯上称涉外工程）招标和国外的国际工程招标两个部分。国内工程招标和国际工程招标的基本原则是一致的，但在具体做法上有差异。

2. 工程招标的范围

根据《招标投标法》规定，在我国境内进行下列工程建设项目，包括项目的勘察、设计、施工、监理以及与工程建设有关的重要设备、材料等的采购，必须进行招标：①大型基础设施、公用事业等关系社会公共利益、公众安全的项目。②全部或者部分使用国有资金投资或者国家融资的项目。③使用国际组织或者外国政府贷款、援助资金的项目。

针对这一规定，原国家发展计划委员会于 2000 年 5 月 1 日颁布了《工程建设项目招标范围和规模标准规定》，对必须招标的工程建设项目的具体范围和规模标准作了进一步细化的规定：

（1）具体范围规定

1）关系社会公共利益、公众安全的基础设施项目的范围包括：①煤炭、石油、天然气、电力、新能源等能源项目。②铁路、公路、管道、水运、航空以及其他交通运输业等交通运输项目。③邮政、电信枢纽、通信、信息网络等邮电通信项目。④防洪、灌溉、排涝、引（供）水、滩涂治理、水土保持、水利枢纽等水利项目。⑤道路、桥梁、地铁和轻轨交通、污水排放及处理、垃圾处理、地下管道、公共停车场等城市设施项目。⑥生态环境保护项目。⑦其他基础设施项目。

2）关系社会公共利益、公众安全的公用事业项目的范围包括：①供水、供电、供气、供热等市政工程项目。②科技、教育、文化等项目。③体育、旅游等项目。④卫生、社会、福利等项目。⑤商品住宅，包括经济适用住房。⑥其他公用事业项目。

3）使用国有资金投资项目的范围包括：①使用各级财政预算资金的项目。②使用纳入财政管理的各种政府专项建设基金的项目。③使用国有企事业单位自有资金，并且国有资产投资者实际拥有控制权的项目。

4）国家融资项目的范围包括：①使用国家发行债券所筹资金的项目。②使用国家对外借款或者担保所筹资金的项目。③使用国家政策性贷款的项目。④国家授权投资主体融资的项目。⑤国家特许的融资项目。

5）使用国际组织或者外国政府资金的项目的范围包括：①使用世界银行、亚洲开发银行等国际组织贷款资金的项目。②使用外国政府及其机构贷款资金的项目。③使用国际组织或者外国政府援助资金的项目。

（2）规模标准规定。上述规定范围内的各类工程建设项目，达到下列限额标准之一的，必须进行招标：

1）施工单项合同估算价在 200 万元人民币以上的。

2）重要设备、材料等货物的采购，单项合同估算价在 100 万元人民币以上的。

3）勘察、设计、监理等服务的采购，单项合同估算价在 50 万元人民币以上的。

4）单项合同估算价低于第 1）、2）、3）项规定的标准，但项目总投资额在 3000 万元人民币以上的。

3. 可以不进行招标的建设项目范围

《招标投标法》及与其相关的招投标管理办法中规定：有下列情形之一的，经审批部门批准，可以不进行施工招标：

（1）涉及国家安全、国家秘密或者抢险救灾而不适宜招标的。

（2）属于利用扶贫资金实行以工代赈需要使用农民工的。

（3）勘察、设计、施工主要技术采用特定的专利或者专有技术的。

（4）施工企业自建自用的工程，且该施工企业资质等级符合工程要求的。

（5）在建工程追加的附属小型工程或者主体加层工程，原中标人仍具备承包能力的。

（6）停建或者缓建后恢复建设的单位工程，且承包人未发生变更的。

2.2.3　工程招标的方式和方法

招标一般分为公开招标和邀请招标，这是国际上使用最为广泛的两种方式。由于其各有特点，一些国家规定招标人可以选择使用，实践中邀请招标的方式往往得到较多的采用。有的国家或国际组织则规定一般情况下应当使用公开招标的方式，只在符合有关规定的情况下才可以选择邀请招标的方式。

1. 公开招标

公开招标（Open Tendering），又称为无限竞争招标，是指招标人以招标公告的方式邀请不特定的法人或者其他组织投标。也就是指招标人通过报刊、广播、电视、网络或其他媒体等方式发布招标公告，吸引众多潜在投标人参加投标竞争，招标人从中择优选择中标人的招标方式。

公开招标方式的优点是可为所有符合条件的承包商提供一个平等竞争的机会，投标的承包商多、竞争范围大，业主有较大的选择余地，有利于降低工程造价，提高工程质量和缩短工期。其缺点是由于投标的承包商多，招标工作最大，组织工作复杂，需投入较多的人力、物力，招标过程所需时间较长；同时也使投标人中标几率减少，从而增加其投标前期风险。因而此类招标方式主要适用于投资额度大、工艺结构复杂的较大型工程建设项目。

2. 邀请招标

邀请招标，也称有限竞争性招标（Restricted Tendering）或选择性招标（Selective Tendering），是指招标人以投标邀请书的形式邀请特定的法人或者其他组织投标。采用这种招标方式，一般招标人应当向 3 个以上（含 3 个）具备承担招标项目的能力、资信良好的特定的法人或者其他组织发出投标邀请书，邀请他们参加投标竞争。

邀请招标方式的优点是参加竞争的投标商数目可由招标单位控制，目标集中，招标的组织工作较容易，工作量比较小，投标有效期大大缩短，可以减低投标风险和投标价格。其缺点是由于参加的投标单位相对较少，竞争性范围较小，使招标单位对投标单位的选择余地较少，易失去最适合承担该项目的承包商的机会。

3. 邀请招标的范围

国务院发展计划部门确定的国家重点建设项目和各省、自治区、直辖市人民政府确定的地方重点建设项目，以及全部使用国有资金投资或者国有资金投资占控股或者主导地位的工程建设项目，应当公开招标；有下列情形之一的，经批准可以进行邀请招标：

（1）项目技术复杂或有特殊要求，只有少量几家潜在投标人可供选择的。

（2）受自然地域环境限制的。

（3）涉及国家安全、国家秘密或者抢险救灾，适宜招标但不宜公开招标的。

（4）拟公开招标的费用与项目的价值相比，不值得的。

（5）法律、法规规定不宜公开招标的。

4. 公开招标和邀请招标的主要区别

（1）发布信息的方式不同。公开招标采用公告的形式发布，邀请招标采用投标邀请书的形式发布。原国家发展计划委员会根据国务院授权指定发布依法必须招标项目招标公告的报纸、信息网络等媒介有《中国日报》、《中国经济导报》、《中国建设报》、《经济日报》和《中国采购与招标网》（http：//www.chinabidding.com.cn）等。各地方人民政府依照审批权限审批的依法必须招标的民用建筑项目的招标公告，可在省、自治区、直辖市人民政府发展计划部门指定的媒介发布。

（2）选择的范围不同。公开招标应使用招标公告的形式，针对的是一切潜在的对招标项目感兴趣的法人或其他组织，招标人事先不知道投标人的数量；邀请招标针对已经了解的法人或其他组织，而且事先已经知道投标人的数量。

（3）竞争的范围不同。由于公开招标使所有符合条件的法人或其他组织都有机会参加投标，竞争的范围较广，竞争性体现得也比较充分；邀请招标中投标人的数目有限，竞争的范围有限，招标人拥有的选择余地相对较小。

（4）公开的程度不同。公开招标中，所有的活动都必须严格按照预先制定的程序标准公开进行，大大减少了作弊的可能；相比而言，邀请招标的公开程度逊色一些，产生不法行为的机会也就多一些。

（5）时间和费用不同。由于邀请招标不发布公告，招标文件只送几家，使整个招投标的时间缩短，招标费用也相应减少；公开招标的程序比较复杂，从发布公告、投标人做出反应、评标，到签订合同，有许多时间上的要求，要准备许多文件，因而耗时较长，费用也比较高。

2.2.4 自行招标和招标代理

1. 自行招标

自行组织招标就是招标人临时组织一个机构，或者以某个部门为主，抽调相关部门的人员，完成整个招标过程。任何单位和个人不得以任何方式为招标人指定招标代理机构。

（1）自行办理招标事宜具备的条件

1）具有项目法人资格（或者法人资格）。

2）具有与招标项目规模和复杂程度相适应的工程技术、概预算、财务和工程管理等方面专业技术力量。

3）有从事同类工程建设项目招标的经验。

4）设有专门的招标机构或者拥有 3 名以上专职招标业务人员。

5）熟悉和掌握《招标投标法》及有关法规规章。

（2）自行招标的应当在向有关行政监督部门上报项目可行性研究报告时，一并报送符合上述条件规定的书面材料：

1）项目法人营业执照、法人证书或者项目法人组建文件。

2）与招标项目相适应的专业技术力量情况。

3）内设的招标机构或者专职招标业务人员的基本情况。

4）拟使用的专家库情况。

5）以往编制的同类工程建设项目招标文件和评标报告，以及招标业绩的证明材料。

6）其他材料。

（3）自行招标的，应当自确定中标人之日起 15 日内，向有关行政监督部门提交招标投标情况的书面报告，包括内容如下：

1）招标方式和发布招标公告的媒介。

2）招标文件中投标人须知、技术规格、评标标准和方法、合同主要条款等内容。

3）评标委员会的组成和评标报告。

4）中标结果。

此外，根据《招标投标法》第十二条第二款的规定，除了必须进行招标的项目应当根据法律强制招标外，对于法律允许自愿招标的项目，招标人自行招标的，无须备案。

2. 招标代理机构

招标代理机构是依法设立、从事招标代理业务并提供相关服务的社会中介组织。招标人委托招标代理人代理招标，必须与之签订招标代理合同。

（1）工程招标代理机构资质。工程招标代理机构资质分为甲级、乙级和暂定级三种级别。甲级可以承担各类工程的招标代理业务；乙级只能承担工程总投资 1 亿元人民币以下的工程招标代理业务；暂定级工程招标代理机构，只能承担工程总投资 6000 万元人民币以下的工程招标代理业务。

（2）招标代理机构的法律性质

1）招标代理机构的性质不是政府机构，不具备政府的行政职能，它是社会服务性组织。招标代理机构可以以多种组织形式存在，如可以是有限责任公司，也可以是合伙公司等。

2）招标代理机构需依法登记设立，招标代理机构的设立不需有关行政机关的审批，但其从事有关招标代理业务的资格需要有关行政主管部门审查认定。

3）招标代理机构的业务范围包括：从事招标代理业务，组织招标活动。具体业务活动包括：帮助招标人或受其委托拟定招标文件，依据招标文件的规定，审查投标人的资质，组织评标、定标等；提供与招标活动有关的咨询、协调合同的签订等服务性工作。

（3）工程招标代理资格的机构应当具备下列条件：

1）是依法设立的中介组织，具有独立法人资格。

2）与行政机关和其他国家机关没有行政隶属关系或者其他利益关系。

3）有固定的营业场所和开展工程招标代理业务所需设施及办公条件。

4）有健全的组织机构和内部管理的规章制度。

5）具备编制招标文件和组织评标的相应专业力量。

6）具有可以作为评标委员会成员人选的技术、经济等方面的专家库。

7）法律、行政法规规定的其他条件。

（4）招标投标代理机构的特征

1）代理人必须以被代理人（招标人或投标人）的名义办理招标或投标事务，但在一个招标项目中，只能或者做招标代理人，或者做某一个投标人的代理人。

2）招标投标代理人应具有独立进行意思表示的职能，不具有独立意思表示的行为或不以他人名义进行的行为，不是代理行为。

3）工程招标代理机构的行为必须符合代理委托授权范围，超出委托授权范围的代理行为属于无权代理。被代理人对代理人的无权代理行为有拒绝权和追认权。如被代理人知道中介机构以其名义做了无权代理行为而不做否认表示时，则视为被代理人同意。招标投标代理人是以其专业知识和经验为被代理人提供高智能的服务，应具有独立意思表示的职能，应独立开展工作。

4）工程招标代理是一种自愿行为，是建立在委托人与招标代理人双方完全自愿的基础上。建设工程招标投标代理行为的法律效果由被代理人承担。

（5）招标代理服务收费管理办法。招标代理服务收费是指招标代理机构接受招标人委托，从事与招标相关业务所收取的费用。为规范招标代理服务收费行为，国家发展和改革委员会制定了《招标代理服务收费管理暂行办法》，自 2003 年 1 月 1 日起执行，按业务性质分为：

1）各类土木工程、建筑工程、设备安装、管道线路敷设、装饰装修等建设以及附带服务的工程招标代理服务收费。

2）原材料、产品、设备和固态、液态或气态物体和电力等货物及其附带服务的货物招标代理服务收费。

3）工程勘察、设计、咨询、监理、矿业权、土地使用权出让、转让和保险等工程和货物以外的服务招标代理服务收费。

【特别提示】工程招标代理服务收费标准见表 2-2：

表 2-2　　　　　　　　　　　　工程招标代理服务收费标准

采购金额 /万元	100 以下	100～500	500～ 1000	1000～ 5000	5000～ 10 000	10 000～ 100 000	1 000 000 以上
工程招标	1.0%	0.7%	0.55%	0.35%	0.2%	0.05%	0.01%

注：1. 按本表费率计算的收费为招标代理服务全过程的收费基准价格，单独提供编制招标文件（有标底的含标底）服务的，可按规定标准的 30% 计收。

2. 招标代理服务收费按差额定率累进法计算。

例如：某工程招标代理业务中标金额为 6000 万元，计算招标代理服务收费额如下：

$$100 \text{ 万元} \times 1.0\% = 1 \text{ 万元}$$
$$(500 - 100) \text{ 万元} \times 0.7\% = 2.8 \text{ 万元}$$
$$(1000 - 500) \text{ 万元} \times 0.55\% = 2.75 \text{ 万元}$$
$$(5000 - 1000) \text{ 万元} \times 0.35\% = 14 \text{ 万元}$$
$$(6000 - 5000) \text{ 万元} \times 0.2\% = 2 \text{ 万元}$$

合计收费 = 1 万元 + 2.8 万元 + 2.75 万元 + 14 万元 + 2 万元 = 22.55（万元）

收费标准按上述规定执行时上下浮动幅度不超过 20%。具体收费额由招标代理机构和招标委托人在规定的收费标准和浮动幅度内协商确定。

2.3　工程招标材料的编制

为了规范施工招标资格预审文件、招标文件编制活动，促进招标投标活动的公开、公平和公正，国家发展和改革委员会等九部委在《房屋建筑和市政基础设施工程施工招标文件范本》的基础上联合制定了《〈标准施工招标资格预审文件〉和〈标准施工招标文件〉（2007年版）试行规定》及相关附件（下文如无特别说明，统一简称为《标准文件》），自 2008 年 5 月 1 日起施行。

《标准文件》适用于一定规模以上，且设计和施工不是由同一承包商承担的工程施工招标，先在政府投资项目中试行。我们在依据《标准文件》编制招标文件的同时，可以参考其行业标准施工招标文件（或原有范本）、各地实际情况和项目自身特点等因素来应用编制。

《标准文件》中招标文件共包括四卷八章：

第一卷

第一章　招标公告（未进行资格预审）

第一章　投标邀请书（适用于邀请招标）

第一章　投标邀请书（代资格预审通过通知书）

第二章　投标人须知

第三章　评标办法（经评审的最低投标价法）

第三章　评标办法（综合评估法）

第四章　合同条款及格式

第五章　工程量清单

第二卷

第六章　图纸

第三卷

第七章　技术标准和要求

第四卷

第八章　投标文件格式

以及第二章投标人须知第 1.10 款、第 2.2 款和第 2.3 款中对招标文件所作的澄清、修改均构成招标文件的组成部分。

2.3.1　工程招标公告的编制

招标公告是面向公众公开发布的，载明招标人、招标项目情况、投标截止日期及获取招标文件办法等事项的书面文告。根据《标准文件》，招标人可根据项目具体特点和实际需要对招标公告内容进行修改、补充和细化，但应遵守《招标投标法》第 16 条和《招标公告发布暂行办法》等有关法律法规规定。

现把《标准文件》中招标公告以及投标邀请书（适用于邀请招标、代资格预审通过通知书）的三种范本格式列举如下：

招标公告

（未进行资格预审）

＿＿＿＿＿＿＿＿（项目名称）＿＿＿＿＿＿＿＿标段施工招标公告

1　招标条件

本招标项目＿＿＿＿＿＿＿＿（项目名称）已由＿＿＿＿＿＿＿＿（项目审批、核准或备案机关名称）以＿＿＿＿＿＿＿＿（批文名称及编号）批准建设，项目业主为＿＿＿＿＿＿＿＿，建设资金来自＿＿＿＿＿＿＿＿（资金来源），项目出资比例为＿＿＿＿＿＿＿＿，招标人为＿＿＿＿＿＿＿＿。项目已具备招标条件，现对该项目的施工进行公开招标。

2　项目概况与招标范围

＿＿＿＿＿＿＿＿（说明本次招标项目的建设地点、规模、计划工期、招标范围、标段划分等）。

3　投标人资格要求

3.1　本次招标要求投标人须具备＿＿＿＿＿＿＿＿资质，＿＿＿＿＿＿＿＿业绩，并在人员、设备、资金等方面具有相应的施工能力。

3.2　本次招标_____（接受或不接受）联合体投标。联合体投标的，应满足下列要求：_____。

3.3　各投标人均可就上述标段中的_____（具体数量）个标段投标。

4　招标文件的获取

4.1　凡有意参加投标者，请于_____年_____月_____日至_____年_____月_____日（法定公休日、法定节假日除外），每日上午_____时至_____时，下午_____时至_____时（北京时间，下同），在_____（详细地址）持单位介绍信购买招标文件。

4.2　招标文件每套售价_____元，售后不退。图纸押金_____元，在退还图纸时退还（不计利息）。

4.3　邮购招标文件的，需另加手续费（含邮费）_____元。招标人在收到单位介绍信和邮购款（含手续费）后_____日内寄送。

5　投标文件的递交

5.1　投标文件递交的截止时间（投标截止时间，下同）为_____年_____月_____日_____时_____分，地点为_____。

5.2　逾期送达的或者未送达指定地点的投标文件，招标人不予受理。

6　发布公告的媒介

本次招标公告同时在_____（发布公告的媒介名称）上发布。

7　联系方式

招　标　人：_____	招标代理机构：_____	
地　　　址：_____	地　　　址：_____	
邮　　　编：_____	邮　　　编：_____	
联　系　人：_____	联　系　人：_____	
电　　　话：_____	电　　　话：_____	
传　　　真：_____	传　　　真：_____	
电子邮件：_____	电子邮件：_____	
网　　　址：_____	网　　　址：_____	
开户银行：_____	开户银行：_____	
账　　　号：_____	账　　　号：_____	

_____年_____月_____日

投标邀请书

（适用于邀请招标）

_____（项目名称）_____标段施工投标邀请书

_____（被邀请单位名称）：

1　招标条件

本招标项目_____（项目名称）已由_____（项目审批、核准或备案机关名称）以_____（批文名称及编号）批准建设，项目业主为

_____，建设资金来自_____（资金来源），出资比例为_____，招标人为_____。项目已具备招标条件，现邀请你单位参加_____（项目名称）_____标段施工投标。

2 项目概况与招标范围

_____（说明本次招标项目的建设地点、规模、计划工期、招标范围、标段划分等）。

3 投标人资格要求

3.1 本次招标要求投标人具备_____资质，_____业绩，并在人员、设备、资金等方面具有承担本标段施工的能力。

3.2 你单位_____（可以或不可以）组成联合体投标。联合体投标的，应满足下列要求：_____。

4 招标文件的获取

4.1 请于_____年_____月_____日至_____年_____月_____日（法定公休日、法定节假日除外），每日上午_____时至_____时，下午_____时至_____时（北京时间，下同），在_____（详细地址）持本投标邀请书购买招标文件。

4.2 招标文件每套售价_____元，售后不退。图纸押金_____元，在退还图纸时退还（不计利息）。

4.3 邮购招标文件的，需另加手续费（含邮费）_____元。招标人在收到邮购款（含手续费）后_____日内寄送。

5 投标文件的递交

5.1 投标文件递交的截止时间（投标截止时间，下同）为_____年_____月_____日_____时_____分，地点为_____。

5.2 逾期送达的或者未送达指定地点的投标文件，招标人不予受理。

6 确认

你单位收到本投标邀请书后，请于_____（具体时间）前以传真或快递方式予以确认。

7 联系方式

招标人：_____	招标代理机构：_____
地　　址：_____	地　　　　址：_____
邮　　编：_____	邮　　　　编：_____
联系人：_____	联　系　人：_____
电　　话：_____	电　　　　话：_____
传　　真：_____	传　　　　真：_____
电子邮件：_____	电　子　邮　件：_____
网　　址：_____	网　　　　址：_____
开户银行：_____	开　户　银　行：_____
账　　号：_____	账　　　　号：_____

_____年_____月_____日

投标邀请书

（代资格预审通过通知书）

　　_____（项目名称）_____标段施工投标邀请书

_____（被邀请单位名称）：

　　你单位已通过资格预审，现邀请你单位按招标文件规定的内容，参加_____（项目名称）标段施工投标。

　　请你单位于_____年_____月_____日至_____年_____月_____日（法定公休日、法定节假日除外），每日上午_____时至_____时，下午_____时至_____时（北京时间，下同），在_____（详细地址）持本投标邀请书购买招标文件。招标文件每套售价为_____元，售后不退。图纸押金_____元，在退还图纸时退还（不计利息）。邮购招标文件的，需另加手续费（含邮费）_____元。招标人在收到邮购款（含手续费）后_____日内寄送。

　　递交投标文件的截止时间（投标截止时间，下同）为_____年_____月_____日_____时_____分，地点为_____。逾期送达的或者未送达指定地点的投标文件，招标人不予受理。

　　你单位收到本投标邀请书后，请于_____（具体时间）前以传真或快递方式予以确认。

招　标　人：_____　　　招标代理机构：_____

地　　　址：_____　　　地　　　址：_____

邮　　　编：_____　　　邮　　　编：_____

联　系　人：_____　　　联　系　人：_____

电　　　话：_____　　　电　　　话：_____

传　　　真：_____　　　传　　　真：_____

电　子　邮件：_____　　　电　子　邮件：_____

网　　　址：_____　　　网　　　址：_____

开　户　银行：_____　　　开　户　银行：_____

账　　　号：_____　　　账　　　号：_____

_____年_____月_____日

2.3.2　工程招标文件的编制

　　建设工程招标文件是招标投标过程中最具重要意义的文件，是招标人根据招标项目的特点和需要阐述自己的招标条件和具体要求的意思表示，是招标人确定、修改和解释有关招标事项的各种书面表达形式的统称。

　　这里我们按照《标准文件》里的顺序来了解一下招标文件的编制内容。

1. 投标人须知

　　根据《标准文件》招标人编制的施工招标文件，应不加修改地引用"投标人须知"这一章的正文内容。"投标人须知前附表"用于进一步明确正文中的未尽事宜，由招标人根据招标项目具体特点和实际需要编制和填写，与招标文件中其他章节衔接，并不得与本章正文内容相抵触，否则抵触内容无效。

（1）投标人须知前附表（见表2-3）。

表2-3   投标人须知前附表

条款号	条款名称	编列内容
1.1.2	招标人	名称： 地址： 联系人： 电话：
1.1.3	招标代理机构	名称： 地址： 联系人： 电话：
1.1.4	项目名称	
1.1.5	建设地点	
1.2.1	资金来源	
1.2.2	出资比例	
1.2.3	资金落实情况	
1.3.1	招标范围	
1.3.2	计划工期	计划工期：_____日历天 计划开工日期：____年____月____日 计划竣工日期：____年____月____日
1.3.3	质量要求	
1.4.1	投标人资质条件、能力和信誉	资质条件： 财务要求： 业绩要求： 信誉要求： 项目经理（建造师，下同）资格： 其他要求：
1.4.2	是否接受联合体投标	□ 不接受 □ 接受，应满足下列要求：
1.9.1	踏勘现场	□ 不组织 □ 组织，踏勘时间： 　　踏勘集中地点：
1.10.1	投标预备会	□ 不召开 □ 召开，召开时间： 　　召开地点：
1.10.2	投标人提出问题的截止时间	
1.10.3	招标人书面澄清的时间	

条 款 号	条 款 名 称	编 列 内 容
1.11	分包	□ 不允许 □ 允许，分包内容要求： 　　分包金额要求： 　　接受分包的第三人资质要求：
1.12	偏离	□ 不允许 □ 允许
2.1	构成招标文件的其他材料	
2.2.1	投标人要求澄清招标文件的截止时间	
2.2.2	投标截止时间	＿＿年＿＿月＿＿日＿＿时＿＿分
2.2.3	投标人确认收到招标文件澄清的时间	
2.3.2	投标人确认收到招标文件修改的时间	
3.1.1	构成投标文件的其他材料	
3.3.1	投标有效期	
3.4.1	投标保证金	投标保证金的形式： 投标保证金的金额：
3.5.2	近年财务状况的年份要求	＿＿＿＿年
3.5.3	近年完成的类似项目的年份要求	＿＿＿＿年
3.5.5	近年发生的诉讼及仲裁情况的年份要求	＿＿＿＿年
3.6	是否允许递交备选投标方案	□ 不允许 □ 允许
3.7.3	签字或盖章要求	
3.7.4	投标文件副本份数	＿＿＿＿份
4.1.2	封套上写明	招标人的地址： 招标人名称： ＿＿＿＿（项目名称）＿＿＿＿标段投标文件 在＿＿年＿＿月＿＿日＿＿时＿＿分前不得开启
4.2.2	递交投标文件地点	
4.2.3	是否退还投标文件	□ 否 □ 是
5.1	开标时间和地点	开标时间：同投标截止时间 开标地点：
5.2	开标程序	(4) 密封情况检查： (5) 开标顺序：
6.1.1	评标委员会的组建	评标委员会构成：＿＿＿人，其中招标人代表＿＿＿人，专家＿＿＿人 评标专家确定方式：

续表

条款号	条款名称	编列内容
7.1	是否授权评标委员会确定中标人	☐ 是 ☐ 否，推荐的中标候选人数：
7.3.1	履约担保	履约担保的形式： 履约担保的金额：
10	需要补充的其他内容	

（2）投标人须知

1 总则

1.1 项目概况：项目招标人、招标代理机构、项目名称、建设地点（见"投标人须知前附表"1.1.2～1.1.5 项）。

1.2 资金来源和落实情况：资金来源、出资比例、资金落实情况（见"投标人须知前附表"1.2.1～1.2.3 项）。

1.3 招标范围、计划工期和质量要求：招标范围、计划工期、质量要求（见"投标人须知前附表"1.3.1～1.3.3 项）。

1.4 投标人资格要求。本部分内容分为已进行资格预审的和未进行资格预审的两类。已进行资格预审的投标人应是收到招标人发出投标邀请书的单位；未进行资格预审的投标人应具备承担本标段施工的资质条件、能力和信誉（见"投标人须知前附表"1.4.1 项）。

（1）"投标人须知前附表"规定接受联合体投标的，除应符合上述要求及"投标人须知前附表"的要求外，还应遵守以下规定：

1）联合体各方应按招标文件提供的格式签订联合体协议书，明确联合体牵头人和各方权利义务。

2）由同一专业的单位组成的联合体，按照资质等级较低的单位确定资质等级。

3）联合体各方不得再以自己名义单独或参加其他联合体在同一标段中投标。

（2）投标人不可以是《招标投标法》及相关法律法规所不允许的情况。如：招标人不具有独立法人资格的附属机构；本标段前期准备提供设计或咨询服务机构；本标段的监理人等都不能为投标人。

1.5 费用承担：投标人准备和参加投标活动发生的费用自理。

1.6 保密：参与招标投标活动的各方应对招标文件和投标文件中的商业和技术等秘密保密，违者应对由此造成的后果承担法律责任。

1.7 语言文字：除专用术语外，与招标投标有关的语言均使用中文。必要时专用术语应附有中文注释。

1.8 计量单位：所有计量均采用中华人民共和国法定计量单位。

1.9 踏勘现场

（1）"投标人须知前附表"规定组织踏勘现场的，招标人按"投标人须知前附表"规定的时间、地点组织投标人踏勘项目现场。

（2）投标人踏勘现场发生的费用自理。

（3）除招标人的原因外，投标人自行负责在踏勘现场中所发生的人员伤亡和财产损失。

（4）招标人在踏勘现场中介绍的工程场地和相关的周边环境情况，供投标人在编制投标文件时参考，招标人不对投标人据此作出的判断和决策负责。

1.10 投标预备会

（1）"投标人须知前附表"规定召开投标预备会的，招标人按"投标人须知前附表"规定的时间和地点召开投标预备会，澄清投标人提出的问题。

（2）投标人应在"投标人须知前附表"规定的时间前，以书面形式将提出的问题送达招标人，以便招标人在会议期间澄清。

（3）投标预备会后，招标人在"投标人须知前附表"规定的时间内，将对投标人所提问题的澄清，以书面方式通知所有购买招标文件的投标人。该澄清内容为招标文件的组成部分。

1.11 分包。投标人拟在中标后将中标项目的部分非主体、非关键性工作进行分包的，应符合"投标人须知前附表"规定的分包内容、分包金额和接受分包的第三人资质要求等限制性条件。

1.12 偏离。"投标人须知前附表"允许投标文件偏离招标文件某些要求的，偏离应当符合招标文件规定的偏离范围和幅度。

2 招标文件

2.1 招标文件的组成，本招标文件包括

（1）招标公告（或投标邀请书）。

（2）投标人须知。

（3）评标办法。

（4）合同条款及格式。

（5）工程量清单。

（6）图纸。

（7）技术标准和要求。

（8）投标文件格式。

（9）"投标人须知前附表"规定的其他材料。

2.2 招标文件的澄清

（1）投标人应仔细阅读和检查招标文件的全部内容。如发现缺页或附件不全，应及时向招标人提出，以便补齐。如有疑问，应在"投标人须知前附表"规定的时间前以书面形式（包括信函、电报、传真等可以有形地表现所载内容的形式，下同），要求招标人对招标文件予以澄清。

（2）招标文件的澄清将在"投标人须知前附表"规定的投标截止时间 15 天前以书面形式发给所有购买招标文件的投标人，但不指明澄清问题的来源。如果澄清发出的时间距投标截止时间不足 15 天，相应延长投标截止时间。

（3）投标人在收到澄清后，应在"投标人须知前附表"规定的时间内以书面形式通知招标人，确认已收到该澄清。

2.3 招标文件的修改

（1）在投标截止时间 15 天前，招标人可以书面形式修改招标文件，并通知所有已购买招标文件的投标人。如果修改招标文件的时间距投标截止时间不足 15 天，相应延长投标截止时间。

（2）投标人收到修改内容后，应在"投标人须知前附表"规定的时间内以书面形式通知招标人，确认已收到该修改。

3 投标文件

3.1 投标文件的组成

（1）投标文件应包括下列内容：

1）投标函及投标函附录。

2）法定代表人身份证明或附有法定代表人身份证明的授权委托书。

3）联合体协议书。

4）投标保证金。

5）已标价工程量清单。

6）施工组织设计。

7）项目管理机构。

8）拟分包项目情况表。

9）资格审查资料。

10）"投标人须知前附表"规定的其他材料。

（2）"投标人须知前附表"规定不接受联合体投标的，或投标人没有组成联合体的，投标文件不包括上面 3）所指的联合体协议书。

3.2 投标报价

（1）投标人应按"工程量清单"的要求填写相应表格。

（2）投标人在投标截止时间前修改投标函中的投标总报价，应同时修改"工程量清单"中的相应报价。

3.3 投标有效期

（1）在"投标人须知前附表"规定的投标有效期内，投标人不得要求撤销或修改其投标文件。

（2）出现特殊情况需要延长投标有效期的，招标人以书面形式通知所有投标人延长投标有效期。投标人同意延长的，应相应延长其投标保证金的有效期，但不得要求或被允许修改或撤销其投标文件；投标人拒绝延长的，其投标失效，但投标人有权收回其投标保证金。

3.4 投标保证金

（1）投标人在递交投标文件的同时，应按"投标人须知前附表"规定的金额、担保形式和第八章"投标文件格式"规定的投标保证金格式递交投标保证金，并作为其投标文件的组成部分。联合体投标的，其投标保证金由牵头人递交，并应符合"投标人须知前附表"的规定。

（2）投标人不按上述要求提交投标保证金的，其投标文件作废标处理。

（3）招标人与中标人签订合同后 5 个工作日内，向未中标的投标人和中标人退还投标保证金。

（4）有下列情形之一的，投标保证金将不予退还

1）投标人在规定的投标有效期内撤销或修改其投标文件。

2）中标人在收到中标通知书后，无正当理由拒签合同协议书或未按招标文件规定提交履约担保。

3.5　资格审查资料。包括已进行资格预审的和未进行资格预审的。已进行资格预审的，应按新情况更新或补充其在申请资格预审时提供的资料，以证实其各项资格条件仍能继续满足资格预审文件的要求；未进行资格预审的审查资料包括：

（1）"投标人基本情况表"应附投标人营业执照副本及其年检合格的证明材料、资质证书副本和安全生产许可证等材料的复印件。

（2）"近年财务状况表"应附会计师事务所或审计机构审计的财务会计报表，包括资产负债表、现金流量表、利润表和财务情况说明书的复印件，具体年份要求见"投标人须知前附表"。

（3）"近年完成的类似项目情况表"应附中标通知书和（或）合同协议书、工程接收证书（工程竣工验收证书）的复印件，具体年份要求见"投标人须知前附表"。每张表格只填写一个项目，并标明序号。

（4）"正在施工和新承接的项目情况表"应附中标通知书和（或）合同协议书复印件。每张表格只填写一个项目，并标明序号。

（5）"近年发生的诉讼及仲裁情况"应说明相关情况，并附法院或仲裁机构作出的判决、裁决等有关法律文书复印件，具体年份要求见"投标人须知前附表"。

（6）"投标人须知前附表"规定接受联合体投标的，上述（1）～（5）项规定的表格和资料应包括联合体各方相关情况。

3.6　备选投标方案。除"投标人须知前附表"另有规定外，投标人不得递交备选投标方案。允许投标人递交备选投标方案的，只有中标人所递交的备选投标方案方可予以考虑。评标委员会认为中标人的备选投标方案优于其按照招标文件要求编制的投标方案的，招标人可以接受该备选投标方案。

3.7　投标文件的编制

（1）投标文件应按第八章"投标文件格式"进行编写，如有必要，可以增加附页，作为投标文件的组成部分。其中，投标函附录在满足招标文件实质性要求的基础上，可以提出比招标文件要求更有利于招标人的承诺。

（2）投标文件应当对招标文件有关工期、投标有效期、质量要求、技术标准和要求、招标范围等实质性内容做出响应。

（3）投标文件应用不褪色的材料书写或打印，并由投标人的法定代表人或其委托代理人签字或盖单位章。委托代理人签字的，投标文件应附法定代表人签署的授权委托书。投标文件应尽量避免涂改、行间插字或删除。如果出现上述情况，改动之处应加盖单位章或由投标人的法定代表人或其授权的代理人签字确认。签字或盖章的具体要求见"投标人须知前附表"。

（4）投标文件正本一份，副本份数见"投标人须知前附表"。正本和副本的封面上应清楚地标记"正本"或"副本"的字样。当副本和正本不一致时，以正本为准。

（5）投标文件的正本与副本应分别装订成册，并编制目录，具体装订要求见"投标人须知前附表"规定。

4　投标

4.1　投标文件的密封和标记

（1）投标文件的正本与副本应分开包装，加贴封条，并在封套的封口处加盖投标人单位章。

（2）投标文件的封套上应清楚地标记"正本"或"副本"字样，封套上应写明的其他内容见"投标人须知前附表"。

（3）未按上述两项要求密封和加写标记的投标文件，招标人不予受理。

4.2　投标文件的递交

（1）投标人应在前面招标文件的澄清规定的投标截止时间前递交投标文件。

（2）投标人递交投标文件的地点：见"投标人须知前附表"。

（3）除"投标人须知前附表"另有规定外，投标人所递交的投标文件不予退还。

（4）招标人收到投标文件后，向投标人出具签收凭证。

（5）逾期送达的或者未送达指定地点的投标文件，招标人不予受理。

4.3　投标文件的修改与撤回

（1）在前面规定的投标截止时间前，投标人可以修改或撤回已递交的投标文件，但应以书面形式通知招标人。

（2）投标人修改或撤回已递交投标文件的书面通知应按前面的要求签字或盖章。招标人收到书面通知后，向投标人出具签收凭证。

（3）修改的内容为投标文件的组成部分。修改的投标文件应按照本招标文件的规定进行编制、密封、标记和递交，并标明"修改"字样。

5　开标

5.1　开标时间和地点。招标人在规定的投标截止时间（开标时间）和"投标人须知前附表"规定的地点公开开标，并邀请所有投标人的法定代表人或其委托代理人准时参加。

5.2　开标程序（相关内容见第四章）。

6　评标（相关内容见第四章）。

6.1　评标委员会。

6.2　评标原则。评标活动遵循公平、公正、科学和择优的原则。

6.3　评标。

7　合同授予

7.1　定标方式。除"投标人须知前附表"规定评标委员会直接确定中标人外，招标人依据评标委员会推荐的中标候选人确定中标人，评标委员会推荐中标候选人的人数见"投标人须知前附表"。

7.2　中标通知。在本文件中规定的投标有效期内，招标人以书面形式向中标人发出中标通知书，同时将中标结果通知未中标的投标人。

7.3　履约担保：

（1）在签订合同前，中标人应按"投标人须知前附表"规定的金额、担保形式和招标文件第四章"合同条款及格式"规定的履约担保格式向招标人提交履约担保。联合体中标的，其履约担保由牵头人递交，并应符合"投标人须知前附表"规定的金额、担保形式和招标文件第四章"合同条款及格式"规定的履约担保格式要求。

（2）中标人不能按上述要求提交履约担保的，视为放弃中标，其投标保证金不予退还，给招标人造成的损失超过投标保证金数额的，中标人还应当对超过部分予以赔偿。

7.4 签订合同

（1）招标人和中标人应当自中标通知书发出之日起 30 天内根据招标文件和中标人的投标文件订立书面合同。中标人无正当理由拒签合同的，招标人取消其中标资格，其投标保证金不予退还；给招标人造成损失超过投标标保证金额的，中标人应当对超出部分予以赔偿。

（2）发出中标通知书后，招标人无正当理由拒签合同的，招标人向中标人退还投标保证金；给中标人造成损失的，还应当赔偿损失。

8 重新招标和不再招标

8.1 重新招标。有下列情形之一的，招标人将重新招标：

（1）投标截止时间止，投标人少于 3 个的。

（2）经评标委员会评审后否决所有投标的。

8.2 不再招标。重新招标后投标人仍少于 3 个或者所有投标被否决的，属于必须审批或核准的工程建设项目，经原审批或核准部门批准后不再进行招标。

9 纪律和监督

9.1 对招标人的纪律要求。

9.2 对投标人的纪律要求。

9.3 对评标委员会成员的纪律要求。

9.4 对与评标活动有关的工作人员的纪律要求。

9.5 投诉。投标人和其他利害关系人认为本次招标活动违反法律、法规和规章规定的，有权向有关行政监督部门投诉。

10 需要补充的其他内容

需要补充的其他内容：见"投标人须知前附表"。

（3）"投标人须知"所包含的六个附件

附表 1：开标记录表

_____（项目名称）_____标段施工开标记录表

开标时间：____年____月____日____时____分

序号	投标人	密封情况	投标保证金	投标报价/元	质量目标	工期	备注	签 名
招标人编制的标底								

招标人代表：_____记录人：_____监标人：_____

_____年_____月_____日

附表2：问题澄清通知

问题澄清通知

编号：

_____（投标人名称）：

_____（项目名称）_____标段施工招标的评标委员会，对你方的投标文件进行了仔细的审查，现需你方对下列问题以书面形式予以澄清：

1.

2.

…

请将上述问题的澄清于 _____ 年 _____ 月 _____ 日 _____ 时前递交至_____（详细地址）或传真至_____（传真号码）。采用传真方式的，应在_____年_____月_____日_____时前将原件递交至_____（详细地址）。

评标工作组负责人：_____（签字）

_____年_____月_____日

附表3：问题的澄清

问题的澄清

编号：

_____（项目名称）_____标段施工招标评标委员会：

问题澄清通知（编号：_____）已收悉，现澄清如下：

1.

2.

…

投标人：_____（盖单位章）

法定代表人或其委托代理人：_____（签字）

_____年_____月_____日

附表4：中标通知书

中标通知书

_____（中标人名称）：

你方于_____（投标日期）所递交的_____（项目名称）_____标段施工投标文件已被我方接受，被确定为中标人。

中标价：_____元。

工期：_____日历天。

工程质量：符合_____标准。

项目经理：＿＿＿＿＿＿＿＿＿＿（姓名）。

请你方在接到本通知书后的＿＿＿＿＿日内到＿＿＿＿＿＿＿＿＿＿（指定地点）与我方签订施工承包合同，在此之前按招标文件第二章"投标人须知"第7.3款规定向我方提交履约担保。

特此通知。

招标人：＿＿＿＿＿＿（盖单位章）

法定代表人：＿＿＿＿＿＿（签字）

＿＿＿＿年＿＿＿＿月＿＿＿＿日

附表5：中标结果通知书

中标结果通知书

＿＿＿＿＿＿＿＿＿＿（未中标人名称）：

我方已接受＿＿＿＿＿＿＿＿＿＿（中标人名称）于＿＿＿＿＿＿＿＿（投标日期）所递交的＿＿＿＿＿＿＿＿（项目名称）＿＿＿＿＿＿标段施工投标文件，确定＿＿＿＿＿＿＿＿（中标人名称）为中标人。

感谢你单位对我们工作的大力支持！

招标人：＿＿＿＿＿＿（盖单位章）

法定代表人：＿＿＿＿＿＿（签字）

＿＿＿＿年＿＿＿＿月＿＿＿＿日

附表6：确认通知

确认通知

＿＿＿＿＿＿＿＿＿＿（招标人名称）：

我方已接到你方＿＿＿＿年＿＿＿＿月＿＿＿＿日发出的＿＿＿＿＿＿＿＿＿＿（项目名称）＿＿＿＿＿＿标段施工招标关于＿＿＿＿＿＿＿＿的通知，我方已于＿＿＿＿年＿＿＿＿月＿＿＿＿日收到。

特此确认。

投标人：＿＿＿＿＿＿（盖单位章）

＿＿＿＿年＿＿＿＿月＿＿＿＿日

2.《标准施工招标文件（2007年版）》包括的其他内容

第一卷　第三章评标办法

1. 评标办法前附表

评标方法

2．评审标准

（1）初步评审标准

（2）分值构成与评分标准

3．评标程序

（1）初步评审

（2）详细评审

（3）投标文件的澄清和补正

（4）评标结果

第一卷　第四章合同条款及格式

1．通用合同条款

2．专用合同条款

3．合同附件格式

（1）合同协议书

（2）履约担保格式

（3）预付款担保格式

第一卷　第五章工程量清单

1．工程量清单说明

2．投标报价说明

3．其他说明

4．工程量清单

（1）工程量清单表

（2）计日工表

（3）暂估价表

（4）投标报价汇总表

（5）工程量清单单价分析表

第二卷　第六章图纸

1．图纸目录，格式如下表

序　号	图　名	图　号	版　本	出图日期	备　注
1					
2					
3					
⋮					

2．图纸

第三卷　第七章 技术标准和要求

第四卷　第八章 投标文件格式

1．投标函及投标函附录

（1）投标函

（2）投标函附录

2．法定代表人身份证明

3．授权委托书

4．联合体协议书

5．投标保证金

6．已标价工程量清单

7．施工组织设计

附表一：拟投入本标段的主要施工设备表

附表二：拟配备本标段的试验和检测仪器设备表

附表三：劳动力计划表

附表四：计划开、竣工日期和施工进度网络图

附表五：施工总平面图

附表六：临时用地表

8．项目管理机构

（1）项目管理机构组成表

（2）主要人员简历表

9．拟分包项目情况表

10．资格审查资料

（1）投标人基本情况表

（2）近年财务状况表

（3）近年完成的类似项目情况表

（4）正在施工的和新承接的项目情况表

（5）近年发生的诉讼及仲裁情况

11．其他材料

2.3.3　工程招标标底的编制

招标标底是建筑产品价格的表现形式之一，是业主对招标工程所需费用的预测和控制，是招标工程的期望价格。招标文件中的商务条款一经确定，即可进入标底编制阶段。

1．标底的作用

标底既是核实预期投资的依据和衡量投标报价的准绳，又是评标的主要尺度和选择承包企业报价的经济界限。标底是评标的重要尺度，但不是唯一依据。投标单位报价若高于标底，它便降低竞争能力；若低于标底过多，业主有理由怀疑其报价的合理性，可要求投标人对投标文件进行澄清、说明，以进一步分析其低于标底的原因。若发现低价的原因是由工料预算不切实际，技术方案片面，节约费用缺乏可靠或故意漏项、压价，进行不正当竞争，则可认为该报价不可信；若低价是通过优化技术方案，节约管理费，采取有力的、行之有效的措施，降低工料消耗和折让利润来实现的，则该报价是合理可信的。招标可以设标底，也可以不设标底。

2．编制标底应遵循的原则

（1）根据设计图样及有关资料、招标文件，参照国家规定的技术、经济标准定额及规

范，确定工程量和编制标底。

（2）标底价格应由成本、利润、税金组成。一般应控制在批准的总概算及投资包干的限额内。标底的计价内容、计价依据应与招标文件一致。

（3）标底价格作为建设单位的期望计划价，应力求与市场的实际变化吻合，要有利于竞争和保证工程质量。

（4）标底应考虑人工、材料、机械台班等变动因素，还应包括施工不可预见费、包干费和措施费等。

（5）一个工程只能编制一个标底。

（6）标底必须报经招标投标办事管理机构审定。一经审定应密封保存至开标时，所有接触到标底的人员均负有保密责任，不得泄漏。

3. 标底价格编制的依据

（1）国家的有关法律、法规、有关工程造价的文件和规定。

（2）工程招标文件。

（3）工程设计文件等相关基础资料。

（4）工程建设标准、规范和规程。

（5）采用的施工组织设计、施工方案、施工技术措施等。

（6）工程施工现场相应情况的有关资料。

（7）招标时的要素市场价格信息。

4. 编制标底应考虑的因素

（1）根据不同的承包方式，考虑不同的包干系数及风险系数。

（2）要根据施工现场的具体情况，考虑必要的技术措施费。

（3）对招标人提供的设备、工具要提供数量和价格清单。

（4）钢筋用量，应在定额的基础上加以调整。

5. 标底文件包括的内容

（1）标底报审表。标底报审表是招标文件和工程标底主要内容的综合摘要，主要供招标人主管部门从宏观上审核标底所用。其主要内容如下：

1）招标工程综合说明，包括招标工程名称、建筑面积、招标工程的设计概算或修正概算金额、工程项目质量要求、定额工期、计划工期天数、计划开竣工日期等。

2）招标工程一览表，包括单项工程名称、建筑面积、结构类型、建筑物层数、檐高、室外管线工程及庭院绿化工程等。

3）标底价，包括招标工程总造价，单方造价，钢材、木材、水泥总用量及其单方用量。

4）招标工程总造价中所含各项费用的说明，包括包干系数或不可预见费用的说明和工程特殊技术措施费的说明。

（2）工程标底。工程标底是详细反映标底造价的数据，一般应包括以下6方面的基本内容：

1）标底编制单位名称、主要编制人（分土建、水暖、通风空调、电气等专业）及专业证书号。

2）标底综合编制说明。主要说明编制依据，标底包括和不包括的内容，其他费用（如包干费、技术费、分包工程项目交叉作业费等）的计算依据，需要说明的其他问题等。

3）标底汇总表，包括各单项工程、单位工程、室外工程、其他费用的名称、建筑面积、标底造价、单方造价（或技术经济指标）以及该工程的标底总造价。

4）主要材料用量，包括钢材、木材、水泥的总用量及单方用量。其中，钢材应分钢筋、型钢、钢管、钢板等；木材应分松木及硬杂木，并均折成原木计算。

5）各单位工程概（预）算表（按单项工程顺序分别排列），包括分部分项工程直接费、间接费、利润、税金等。

6）"暂估价"清单，包括设备价及土建工程材料价、工料费等。此清单虽已在招标文件中列入，但作为完整文件便于查考可重复列入标底文件。

6. 标底价格的编制方法

（1）以定额计价法编制标底。定额计价法（或称为工料单价法）编制标底采用的是分部分项工程量的直接费单价，仅包括人工、材料、机械使用费用，间接费、利润、税金按照有关规定另行计算，有 3 种计算方法：直接费为基础；人工费和机械费为基础；人工费为基础。

（2）以工程量清单计价法编制标底。工程量清单是表现拟建工程的分部与分项工程项目、措施项目、其他项目名称和相应数量的明细清单，是一种用来表达工程计价项目的项目编码、项目名称和描述、单位、数量、单价、合价的表格。

工程量清单计价法（或称为综合单价法）。编制标底价格，要根据统一的项目划分，按照统一的工程量计算规则计算工程量，形成工程量清单。接着，估算分项工程综合单价，该单价是根据具体项目分别估算的。综合单价确定以后，再与各部分分项工程量相乘得到合价，汇总之后即可得到标底价格。

工程量清单计价法与定额计价法的显著区别主要在于：间接费、利润等是用综合管理费分摊到分项工程单价中，从而组成分项工程综合单价，某分项工程综合单价乘以工程量即为该分项工程合价，所有分项工程合价汇总后即为该工程的总价。

7. 标底的审查

为了保证标底的准确和严谨，必须加强对标底的审查。

（1）标底审查的内容。

1）标底计价依据。

2）标底价格组成内容。

3）标底价格相关费用。

（2）标底的审查方法。标底价格的审查方法类似于施工图预算的审查方法，主要有：全面审查法、重点审查法、分解对比审查法、分组计算审查法、标准预算审查法、筛选法、应用手册审查法等。

小　　结

工程招标是整个招标投标过程中最重要的环节之一，可划分为准备阶段、招投标阶段和决标阶段。在工程招标过程中应严格规范每个环节，对各个要素做好相应约束，同时提高对各方法律责任的认识。《招标投标法》规定在我国境内进行的工程建设项目包括勘察、设计、施工、监理以及与工程建设有关的重要设备、材料等的采购，必须进行招标。

工程招标机构的工作水平直接关系着招标的成败。招标人自己组织招标，必须具备一定的条件，经招标投标管理机构审查合格后方可进行招标，否则，须委托招投标代理机构。招标文件的编制我们可以自行完成也可以委托招标代理机构来完成，招标文件的编制可参照国家发展和改革委员会等九部委联合制定的《标准文件》。我们可以通过该部分示范文本的学习，掌握有关施工招标工作的方法、步骤和规定，从而达到教学的预期目的。

习　　题

一、简答题

1. 简述工程招标的程序。
2. 工程招标的方式有哪些？陈述各自的优缺点及区别。
3. 简述工程建设招标的范围和限额规定。
4. 工程招标代理机构应当具备哪些条件？
5. 简述招标文件的组成。
6. 标底文件包括的内容有哪些？
7. 招标标底编制的方法是什么？
8. 资格预审和资格后审有哪些区别？

二、案例分析

1. 背景：某办公楼工程全部由政府投资兴建。该项目为该市建设规划的重点项目之一，且已列入地方年度固定投资计划，概算已经主管部门批准，征地工作尚未全部完成，施工图纸及有关技术资料齐全。现决定对该项目进行施工招标。因估计除本市施工企业参加投标外还可能有外省市施工企业参加投标，故招标人委托咨询单位编制了两个标底，准备分别用于对本市和外省市施工企业投标价的评定。招标人于 2000 年 3 月 5 日向具备承担该项目能力的 A、B、C、D、E 5 家承包商发出投标邀请书，其中说明，3 月 10 至 11 日 9 到 16 时在招标人总工程师室领取招标文件，4 月 5 日 14 时为投标截止时间。该 5 家承包商均接受邀请，并领取了招标文件。3 月 18 日招标人对投标单位就招标文件提出的所有问题统一做了书面答复，随后组织各投标单位进行了现场踏勘。4 月 5 日这 5 家承包商均按规定时间提交了投标文件。但承包商 A 在送出投标文件后发现报价估算有较严重的失误，遂赶在投标截止时间前 10min 递交了一份书面声明，撤回已提交的投标文件。

开标时，由招标人委托的市公证处人员检查投标文件的密封情况，确认无误后，由工作人员当众拆封。由于承包商 A 已撤回投标文件，故招标人宣布有 B、C、D、E 4 家承包商投标，并宣读该 4 家承包商的投标价格、工期和其他主要内容。

评标委员会委员由招标人直接确定，共由 7 人组成，其中招标人代表 2 人，技术专家 3 人，经济专家 2 人。按照招标文件中确定的综合评标标准，4 个投标人综合得分从高到低的一次顺序为 B、C、D、E，故评标委员会确定承包商 B 为中标人。由于承包商 B 为外地企业，招标人于 4 月 8 日将中标通知书寄出，承包商 B 于 4 月 12 日收到中标通知书。最终双方于 5 月 12 日签订了书面合同。

问题：

（1）招标人对投标单位进行资格预审应包括哪些主要内容？

（2）在该项目的招标投标程序中哪些方面不符合有关规定？

2. 某水库大坝工程招标案例

某水库大坝工程总投资额 17 000 万元，其中对工程概算投资 6644 万元的大坝填筑及基础灌浆工程进行招标。

本次招标采取了邀请招标的方式，由建设单位自行组织招标。1997 年 6 月中旬，由工程建设单位组建的资格评审小组对申请投标的 20 家施工企业进行了资格审查。1998 年 6 月 20 日向其中的 10 家企业发售了招标文件，并组织了现场踏勘和答疑。7 月 18 日，由投资方、建设方、技术部门等部门代表参加的评标委员会组成。7 月 20 日 13 时公开开标。当日下午至次日上午，评标委员会的商务组、技术组对 10 家投标企业递交的标书进行了审查，并向建设单位按顺序推荐了中标候选人。建设单位不在评标委员会推荐的中标候选人名单中，而是让名单之外的××部水电××局中标，原因是该局提出的优惠条件较好（实际上是垫资施工）。但在有关单位的干预和协调下，建设单位最终从评标委员会推荐的中标候选人中选择了承包商。

问题：

（1）招标前哪些活动违反了程序？

（2）定标时是否违反规定？有哪些不妥？

第3章 工 程 投 标

【学习目标】通过本章的教学，使学生了解工程投标的程序，了解投标准备工作内容；熟悉施工规划的内容，熟悉整个投标过程的所有工作，并能针对实际工程，科学地、合理地编制投标文件。

在市场经济条件下，材料供应商、工程设计企业、工程施工企业和工程监理公司等获得工程项目建设合同的主要途径是投标。对投标者而言，参加投标就如同参加一场赛事竞争。在这场赛事中，投标者之间不仅是一场报价、技术、经验、实力和信誉的较量，而且也是一场投标技巧的较量。尤其是在 2003 年 7 月 1 日开始实施《建设工程工程量清单计价规范》以后，工程产品的价格通过市场竞争形成，各工程承包商的竞争更加激烈。此外，投标还是一种法律行为，投标人一旦提交了投标文件，就必须在招标文件规定的期限内信守诺言，不得随意退出投标竞争，否则必须承担相应的经济和法律责任。因此，对投标者来说，投标应该是一项严肃认真的工作，必须慎重考虑。为此，了解工程投标的程序、掌握投标工作内容、做好投标准备工作、编制具有竞争实力的投标文件是投标成功的关键。

3.1 工程投标程序

投标既是一项严肃认真的工作，又是一项决策工作，必须按照当地规定的程序和做法，满足招标文件的各项要求，遵守有关法律法规的规定，在规定的招标时间内进行公平、公正的竞争。为了获得投标的成功，投标必须按照一定的程序进行，才能保证投标的公正合理性与中标的可能性。目前，我国国内工程投标程序各地基本相同，如图 3-1 所示。由于施工投标具有很强的代表性，因此，投标程序和后续的学习中均以施工投标为例。

3.2 投标工作准备

在正式投标前积极做好各项投标准备工作，有助于投标的成功。投标的前期准备工作包括获取投标信息、调查分析研究、投标前期决策、成立投标工作机构、寻求合作伙伴、办理注册手续等内容。

3.2.1 获取并查证投标信息

随着信息技术的发展，获取投标信息的渠道越来越多，这为招标投标提供了便捷的服务。各地都开辟了建设网或招标投标网，从网络获取招标信息已是获取招标信息的主要途径了。报刊、杂志、电台、社会媒体、公众等是获取招标信息的其他途径。作为投标人要经常关心传播信息的各种载体，以最快的速度获取招标信息。

```
                        获取投标信息
                            │
                            ▼
                    ┌───────────────┐        否
                    ＜  是否投标    ＞ ─────────→  终止
                    └───────────────┘
                            │是
  ┌─────────┐               │
  │分包和联合│               ▼
  │承包的选定│─────→ ┌───────────────┐        否
  └─────────┘      ＜  申报资格预审  ＞ ─────────→  终止
                    └───────────────┘
                            │是
                            ▼
                    购买、阅读招标文件
                            │
    ┌────────┬────────┬─────┼──────┬──────────┐
    ▼        ▼        ▼            ▼          ▼
┌────────┐┌──────┐┌──────────┐┌────────┐┌────────┐
│组织投标班││现场  ││计算和复  ││业主召开││询价及  │
│子和选择咨││勘察  ││核工程量  ││标前会议││市场调查│
│询单位  ││      ││          ││并解答  ││        │
└────────┘└──────┘│          ││问题    │└────────┘
                   └──────────┘└────────┘
                        │
                        ▼
                  制定施工规划 ─────────→ 制定资金计划
                        │
                        ▼
                  研究投标技巧
                        │
                        ▼
            选择参考定额、确定参考费率
                        │
                        ▼
              计算单价、汇总投标价
                        │
                        ▼
                评估并调整投标价
                        │
                        ▼
                  编制投标文件
                        │
                        ▼
      封送投标书、办理和送交投标保函
                        │
                        ▼
                      开标 ─────────→ 投标书不合格，被剔除
                        │
                        ▼
                      评标
                        │
                        ▼
                      中标
  ┌──────────────┐      │
  │办理和送交履约保函│──────→
  └──────────────┘      ▼
                      签订合同
```

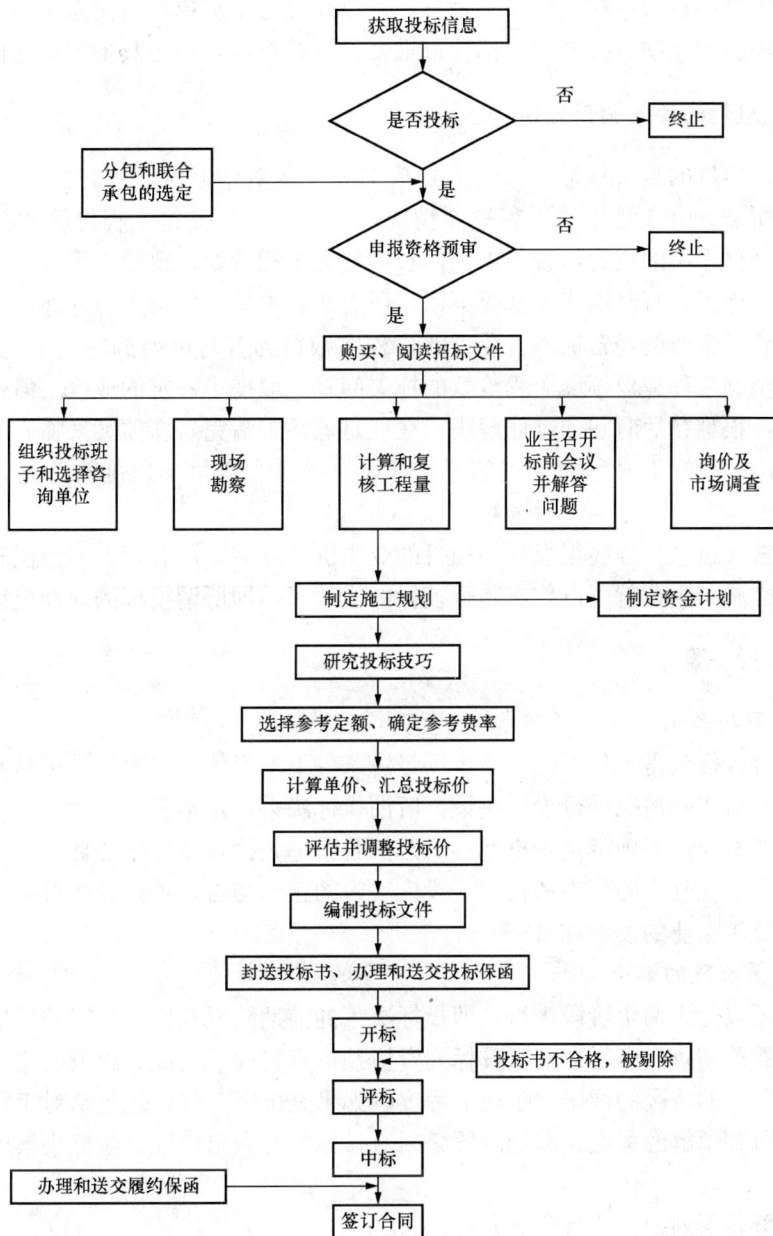

图 3-1　工程投标程序

信息查证是保证投标顺利进行和达到预期目的的前提条件。我国自改革开放以来，许多方面都由原来的封闭状态变得开放、灵活，从事中介服务的人员不断增多，业主的败德行为也伴随而来。于是，坑蒙拐骗、敲诈勒索、贩卖假信息、搞假分包的现象扰乱了社会经济秩序。作为投标人，在获取了投标信息后一定要保持冷静的头脑，认真分析所获得的信息的真实性，切忌听任中间人的摆布，更不能以先垫付一笔资金为代价换取查询有关资料的事情出现。除调查信息的真实性外，还应查证建设项目是否具备招标条件，不具备招标条件的项目硬性招标属违法行为，万一发生纠纷承包商得不到法律的保护。

查询招标信息的真实性在国内并不困难，可以通过与招标单位直接面谈或电话联系，查阅建设方招标项目的立项审批文件、招标审批文件，核查项目是否具备招标条件等。

3.2.2 对业主进行必要的调查分析

查证了招标信息的真实性后，投标人还应对业主的资信状况、偿付能力等进行调查分析。一般项目所需的资金是根据工程进展情况来支付的，且支付工程价款的权利在业主手中。有的业主倚仗手中的权力，蛮不讲理，长期拖欠工程价款，致使工程施工企业不仅不能获取利润，垫支施工，有时连成本都收不回。还有的业主单位负责人与外界勾结，索要巨额回扣，加大了施工企业的经营成本。业主的这种腐败行为有时可能搞垮施工企业。近几年，国家下大力气整顿工程建设领域工程价款的拖欠问题，取得了一定的成效。但拖欠工程款是一个历史问题，很难在短时间内彻底解决，往往是老债未清完，新债又来临。所以，为了避免出现以上风险，投标人必须对业主的工作作风、信誉和支付工程价款的能力等进行认真调查。

如果经过核实信息，证明拟投标的项目的业主资信可靠，没有资金不到位和拖欠工程价款的风险，那么施工企业就可以作出是否投标的决策了，即所谓投标的前期决策。

3.2.3 工程投标决策

1. 投标决策的含义

承包商通过投标获得工程项目，是市场经济条件下的必然；但对于承包商而言，并不是每标必投，应针对实际情况进行投标决策。所谓投标决策，包括三个方面：一是针对项目投标，根据项目的专业性等确定是否投标；二是倘若投标，投什么性质的标；三是投标中如何采用以长制短、以优胜劣的策略和技巧。投标决策的正确与否，关系到能否中标和中标后的效益，关系到施工企业的发展前景。

2. 投标决策阶段的划分

投标决策可以分为两个阶段进行，即投标决策的前期阶段和投标决策的后期阶段。

投标决策的前期阶段必须在购买投标人资格预审资料前后完成。决策的主要依据是企业对招标工程、业主的情况的调研和了解的程度。如果是国际工程，还包括对工程所在国和工程所在地的调研和了解的程度。前期阶段必须对投标与否做出论证。投标决策后期阶段主要是投标策略。

通常情况下，下列招标项目应放弃投标：

（1）本施工企业主管或兼营能力以外的项目。

（2）工程规模、技术要求超过本施工企业技术等级的项目。

（3）本施工企业生产任务饱满，而招标工程的盈利水平较低或风险较大的项目。

（4）本施工企业技术等级、信誉、施工水平明显不如竞争对手的项目。

如果决定投标，即进入投标决策的后期阶段，它是指从申报资格预审到投标报价前完成的决策研究阶段，主要研究倘若去投标，是投什么性质的标，以及在投标中采取的策略问题。

投标按性质分，可分为风险标和保险标；按效益分，可分为盈利标、保本标和亏损标。

风险标是指明知工程承包难度大、风险大，且技术、设备、资金上都有未解决的问题，但由于队伍窝工，或因为工程盈利丰厚，或为了开拓新技术领域而决定参加投标，同时设法解决存在的问题。若该标中标后，如问题解决得好，可取得较好的经济效益，可锻炼出一支好的施工队伍，使企业更上一层楼；解决得不好，企业的信誉、效益就会受到损害，严重者可能导致企业亏损乃至破产。因此，投风险标必须审慎从事。

保险标是指对可以遇见的情况从技术、设备、资金等重大问题都有了解决的对策之后再投标。企业经济实力较弱，经不起失误的打击，则往往投保险标。

盈利标是指如果招标工程既是本企业的强项，又是竞争对手的弱项，或建设单位意见明确的情况下进行的投标。

保本标是指当企业无后续工程，或已经出现部分窝工，且招标的工程项目本企业又无优势可言，竞争对手又多的情况下进行的投标。

亏损标是指当本企业已大量窝工，严重亏损，若中标后至少可使部分人工、机械运转，减少亏损；或者为在对手林立的竞争中夺得头标，不惜血本压低标价；或是为了在本企业一统天下的地盘里，为挤垮企图插足的竞争对手；或为打入新市场，取得拓宽市场的立足点而压低标价的情况下进行的投标。

3. 影响投标决策的因素

"知己知彼，百战不殆"。工程投标决策研究就是知己知彼的研究。这个"己"就是影响投标决策的主观因素，"彼"就是影响投标决策的客观因素。

（1）影响投标决策的内部因素。投标或者弃标，首先取决于投标单位的实力，其实力体现在以下几方面：

1）技术方面的实力：

①由精通本行业的估算师、建筑师、工程师、会计师和管理专家组成的组织机构。

②有工程项目设计、施工专业特长，能解决技术难度大和各类工程施工中的技术难题的能力。

③有国内外与招标项目同类型工程的施工经验。

④有一定技术实力的合作伙伴，如实力强的分包商、合营伙伴和代理人。

2）经济方面的实力：

①具有垫付资金的能力。如预付款是多少，在什么条件下拿到预付款。应注意国际工程承包中，有的业主要求"带资承包工程"、"实物支付工程"，根本没有预付款。所谓"带资承包工程"，是指工程由承包商筹资兴建，从建设中期或建成后某一时期开始，业主分批偿还承包商的投资及利息，但有时这种利率低于银行贷款利息。承包这种工程时，承包商需投入大部分工程项目建设投资，而不止是一般承包所需的少量流动资金。所谓"实物支付工程"，是指有的发包方用该国滞销的农产品、矿产品折价支付工程款，而承包商推销上述物资而谋求利润将存在一定难度。因此，遇上这种项目须慎重对待。

②具有一定的固定资产和机具设备及其投入所需的资金。大型施工机械的投入，不可能一次摊销。因此，新增施工机械将会占用一定资金。另外，为完成项目必须要有一批周转材料，如模板、脚手架等，这也是占用资金的组成部分。

③具有一定的资金周转用来支付施工用款。因为，对已完成的工程量需要监理工程师确认后并经过一定手续、一定时间后才能将工程款拨入。

④承担国际工程尚需筹集承包工程所需外汇。

⑤具有支付各种担保的能力。承包国内工程需要担保，承包国际工程更需要担保，不仅担保的形式多种多样，而且费用也较高，诸如投标保函（或担保）、履约保函（或担保）、预付款保函（或担保）、缺陷责任期保函（或担保）等。

⑥具有支付各种纳税和保险的能力。尤其在国际工程中，税种繁多，税率也高，诸如关税、进口调节税、营业税、所得税、建筑税，以及临时进入机械押金等。

⑦由于不可抗力带来的风险。即使是属于业主的风险，承包商也会有损失；如果不属于业主的风险，则承包商损失更大，要有财力承担不可抗力带来的风险。

⑧承担国际工程往往需要重金聘请有丰富经验或有较高地位的代理人，以及其他"佣金"，也需要承包商具有这方面的支付能力。

3）管理方面的实力。建筑承包市场属于买方市场，承包工程的合同价格由作为买方的发包方起支配作用。承包商为打开承包工程的局面，应以较低报价甚至低利润取胜。为此，承包商必须在成本控制上下功夫，向管理要效益，如缩短工期，进行定额管理，辅以奖惩办法，减少管理人员，工人一专多能，节约材料，采用先进的施工方法不断提高技术水平，特别是要有"重质量"、"重合同"的意识，并有相应的切实可行的措施。

4）信誉方面的实力。承包商一定要有良好的信誉，这是投标中标的一条重要标准。要建立良好的信誉，就必须遵守法律和行政法规，或按国际惯例办事，同时，认真履约，保证工程的施工安全、工期和质量，而且各方面的实力雄厚。

（2）决定投标或弃标的客观因素。

1）业主或监理工程师的情况。业主的合法地位、支付能力、履约信誉；监理工程师处理问题的公正性、合理性等，也是投标决策的影响因素。

2）竞争对手和竞争形势的分析。是否投标，应注意竞争对手的实力、优势及投标环境的优劣情况。另外，竞争对手的在建工程情况也十分重要。如果对手的在建工程即将完工，可能急于获得新承包项目心切，投标报价不会很高；如果对手在建工程规模大、时间长，如仍参加投标，则标价可能很高。从总的竞争形势来看，大型工程的承包公司技术水平高，善于管理大型复杂工程，其适应性强，可以承包大型工程；中小型工程由中小型工程公司或当地的工程公司承包可能性大。因为，当地中小型公司在当地有自己熟悉的材料、劳动供应渠道；管理人员相对比较少；有自己惯用的特殊施工方法等优势。

3）法律、法规的情况。对于国内工程承包，自然适用我国的法律和法规，而且，其法制环境基本相同。如果是国际工程承包，则有一个法律适用问题。法律适用的原则有5条：①强制适用工程所在地法律的原则；②意思自治原则；③最密切联系原则；④适用国际惯例原则；⑤国际法效力优于国内法效力的原则。

其中，所谓"最密切联系原则"是指与投标或合同有最密切联系的因素作为客观标志，并以此作为确定准据法的依据。至于"最密切联系因素"，在国际上主要有投标或合同签订地法、合同履行地法、法人国籍所属国的法律、债务人住所地法律、标的物所在地法律、管理合同争议的法院或仲裁机构所在地的法律等。事实上，多数国家是以以上诸因素中的一种因素为主，结合其他因素进行综合判断。

投标与否，要考虑的因素很多，需要投标人广泛、深入地调查研究，系统地积累资料，并作出全面的分析，才能使投标作出正确决策。决定投标与否，更重要的是它的效益性。投标人应对承包工程的成本、利润进行预测和分析，以供投标决策之用。

4. 投标策略的含义和内容

投标策略是指承包商在投标竞争中的指导思想与系统工作部署及其参与投标竞争的方式和手段。投标策略作为投标取胜的方式、手段和艺术，贯穿于投标竞争的始终，内容十分丰富。在投标与否、投标项目的选择、投标报价等方面，无不包含投标策略。

投标策略的内容：

（1）以信取胜。这是依靠企业长期形成的良好社会信誉，技术和管理上的优势，优良的工程质量和服务措施，合理的价格和工期等因素争取中标。

（2）以快取胜。即通过采取有效措施缩短施工工期，并能保证进度计划的合理性和可行性，从而使招标工程早投产、早收益，以吸引业主。

（3）以廉取胜。其前提是保证施工质量，这对业主一般都具有较强的吸引力。从投标单位的角度出发，采取这一策略也可能有长远的考虑，即通过降价扩大任务来源，从而降低固定成本在各个工程上的摊销比例，既降低工程成本，又为降低新投标工程的承包价格创造了条件。

（4）靠改进设计取胜。通过仔细研究原设计图纸，若发现明显不合理之处，可提出改进设计的建议和能切实降低造价的措施。在这种情况下，一般仍然要按原设计报价，再按建议的方案报价。

（5）采取以退为进的策略。当发现招标文件中有不明确之处并有可能据此索赔时，可报低价先争取中标，再寻求索赔机会。采用这种策略一般要在索赔事务方面具有相当成熟的经验。

（6）采用长远发展的策略。其目的不在于在当前的招标工程中获利，而着眼于发展，争取将来的优势，如为了开辟新市场、掌握某种有发展前途的工程施工技术等，宁可在当前招标工程上以微利甚至无利的价格参与竞争。

以上这些策略投标单位应根据具体情况灵活地加以使用。

3.2.4　成立投标工作机构

一旦决定要投标，就要精心组建投标工作小组。投标工作小组的人员必须诚信、精干、积极、认真，对公司忠诚，保守报价机密且经验丰富。一个好的投标班子应由经济管理人才、专业技术人才、商务金融人才以及合同管理人才组成。他们不仅熟悉工程技术知识、费用的计算、市场分析预测的过程，而且还熟悉经济合同相关的法律、法规等知识。

该工作小组成员应能及时掌握市场动态，了解价格行情，基本能判断投标项目的竞争态势，善于运用竞争策略，能针对具体项目的各种特点制定出恰当的投标报价策略。

此外，还要注意保持投标机构中班子成员的相对稳定，积累和总结以往的经验，不断提高其素质和水平，以形成一个高效的工作集体，从而提高本公司投标报价的竞争力。

投标工作机构通常由以下人员组成：

（1）决策人。其主要职责是正确作出项目的投标报价策略，一般由总经济师、部门经理或副经理负责。

（2）技术负责人。其主要职责是制定各种施工方案和施工技术措施，一般由总工程师、技术部长或主任工程师负责。

（3）投标报价人。其主要职责是根据投标工作机构确定的项目报价策略、项目施工方案和各种技术组织措施，按照招标文件的要求，合理确定项目的投标报价。一般由造价工程师或预算员担任。

投标小组的成员也不是万能人才，在工作中还需要公司内部其他各部门，如物资供应部门、财务计划部门等的大力配合，特别是在提供价格行情、工资标准、费用开支等方面给予大力协助，才能正确报价，增加中标的几率。

3.2.5 寻求合作伙伴

为了能顺利地投标或者在投标中获胜，遇有下列情况时需要寻找合作伙伴：

（1）实力不强或考虑竞争的因素。如果认为自己实力不强或竞争优势不明显，常常考虑寻找合作伙伴，采取联合承包的方式投标。这时选择的合作伙伴，应能弥补自己不足，优势互补，且信誉好。

（2）招标项目要求"统包"。即建设方要求承包商从项目的勘察设计开始到施工完工的全过程进行承包，即所谓的"交钥匙"工程。对这种承包方式，就我国目前的管理体制和机构设置（设计与施工分离）而言，一家企业是很难胜任的，必须寻找合作伙伴，组成联合承包体进行投标。

（3）招标项目为世界银行贷款的项目。凡是在世界银行贷款的项目，世界银行规定：项目所在地的借款国的人均收入低于一定水平，其承包商和制造商在评标时可以享受7.5%的优惠。所以，如果投标世界银行贷款的项目，最好在借款国寻找合作伙伴，组成联合体投标，这样在评标时可能享受一定的优惠。

（4）招标项目所在国有保护本国产品和企业的政策。世界许多国家都专门制定了保护本国产品和企业的相关政策，如美国的《购买美国产品法》规定：10万美元以上的招标采购，必须购买相当比例的美国产品；欧盟法律也规定：招标采购给予欧盟成员国的投标人一定的优惠。因此，投标人如果去美国、欧盟等这样有保护本国产品和企业政策的国家投标时，最好选择该国家、地区的企业为自己的合作伙伴，对投标成功有一定的促进作用。但是，在选择合作伙伴时，不能盲目行事，必须就合作伙伴的资信、财务、技术、经验、声誉、地位和社会背景等进行深入细致地调查研究，选择的合作伙伴必须满足以下条件：

1）符合招标项目所在国和招标文件对投标人的资格条件要求。

2）具备承担招标项目的相应能力和经验要求，在某一方面有一定的优势，与自己形成互补。

3）诚实守信，有威望，在当地有一定的社会关系。

选好合作伙伴后，应与合作伙伴签订联合投标的相关协议，在协议中明确规定合作各方的权利、义务和责任。若中标，合作各方都应严格履行合约，并向招标人承担连带责任。

3.2.6 办理注册手续

如果是去外地承揽工程，还必须到工程所在地建设行政管理部门办理注册登记手续。

如果是去外国投标，必须按招标工程所在国的相关规定办理注册登记手续，取得合法地位，才能从事工程建设的投标。国内和国外投标注册程序及要求是不同的。

1. 国内登记注册手续办理

我国各地对外来企业到本地承揽工程的设计或施工都规定必须进行注册登记，但承揽设计与承揽施工登记注册程序不相同。

（1）工程施工投标注册登记。我国大部分地区对本地以外的工程施工企业进入本地承揽工程施工任务，一般都要求具有建设部或省、自治区、直辖市建设行政主管部门颁发的二级及以上建筑业企业资质证书，且近两年来未发生过以下行为：企业之间相互串通投标；以行贿等不正当手段谋取中标；未取得施工许可证擅自施工；将承包的工程转包或者违法分包；严重违反国家工程建设强制性标准；发生过三级以上工程建设重大质量安全事故或者发生过两起以上四级工程建设质量安全事故；隐瞒或谎报、拖延报告工程质量安全事故或破坏事故现场、阻碍对事故调查；按照国家规定需要持证上岗的技术工种的作业人员未经培训、考核，未取得证书上岗，情节严重；未履行保修义务，造成严重后果；违反国家有关安全生产规定和安全生产技术规程，情节严重；其他违反法律、法规的行为。

各地的注册登记程序不完全相同，但基本内容是相同的。其注册登记程序如下：

1）符合以上规定的企业可以参与工程投标，并向拟注册地的地级以上市建委（建设局）或省直主管厅局提出申请。

2）同意受理后，企业领取并填写"外来施工企业工程承揽注册登记表"，并必须提交以下材料：企业法人注册地省级建设行政主管部门出具的外出承包工程介绍信；招标公告或邀请投标函、预审合格通知书；资质证书；企业法人营业执照、企业在本地工商、税务登记证明复印件；在本地固定办公场所的证明资料及联系电话；法人授权委托书或进入本地承包工程负责人、技术负责人、财务负责人任职通知及其职称证书；法人所在地或工程所在地银行出具的流动资金证明；拟进本地区承包工程的项目经理、工程技术、财务管理人员及"七大员"（造价员、施工员、安全员、质量员、监理员、试验员、合同管理员）的职称证件；无拖欠工程款及民工工资行为证明等。

3）由地级以上市建委（建设局）或省直主管厅局核对提交资料原件并加盖确认章，初审提交资料；初审合格，报省建设厅建管处审核。省建设厅建管处审查合格，颁发"外来施工企业承包工程许可证"。

4）项目备案。中标后施工单位还必须到建设行政主管部门办理工程备案，备案时须带中标通知书、施工合同和进入本地计划生育责任状。

（2）工程勘察设计注册登记。与工程施工承揽不同，我国大多数地区对本地以外的工程勘察设计单位进入本地从事工程勘察设计活动，只实行登记备案管理。本地以外工程勘察设计单位不在本地进行工商注册登记的，办理单项工程勘察设计登记备案时一般须提供下列资料：

1）已填写的"本地以外工程勘察设计单位进入本地承揽工程勘察设计项目登记备案表"。

2）工商注册地省级建设行政主管部门同意出省承揽工程勘察设计的证明。

3）工程勘察设计资质证书正本和复印件。

4）所承揽工程勘察设计项目的中标通知书或项目委托书。

5）承担在本地工程项目的总院工程技术人员名单，以及工程主持人各专业负责人、身份证、职称证书、执业资格证书和执业资格印章印模（原件和复印件）。

经过工程所在地建设行政主管部门对上述资料进行审核，资料齐全、符合登记备案条件的，予以办理"外地工程勘察设计单位进入本地承揽工程勘察设计登记证"，该证有效期一般为1年。只有取得了"外省工程勘察设计单位进入本地承揽工程勘察设计登记证"，才能在本地从事工程勘察设计工作，否则属于违规行为。

2. 国外登记注册手续办理

我国施工企业到国外承揽工程办理注册登记时必须提交以下资料：

（1）由工商行政管理部门颁发的企业营业执照。

（2）承包商在世界各地的分支机构的名单。

（3）申请注册的分支机构名称和地址。

（4）企业主要成员（公司董事会）名单。

（5）企业章程，包括公司的性质、合伙人的情况、资本状况、业务范围、组织机构、总管理机构所在地等。

（6）企业总管理机构负责人签署的分支机构负责人的委任状。

（7）近几年承担过的国内重大工程或国外工程施工情况。

（8）拟进入本国承包工程的项目经理、工程技术、财务管理人员情况。

（9）企业的资金证明。

（10）企业施工机械清单。

（11）资格预审通过文件。

有的国家还要求提供承包商所在国与工程所在国的互惠证明，也有的国家或地区要求中标后再登记注册，遇到这种情况，在注册时还必须提交中标通知书和工程承包合同或协议。

3.3 资格预审

如果招标人设置资格预审，一旦投标人决定去投标，就要参与招标人组织的资格预审，在规定的时间内编制并递送投标资格预审文件。投标人的资格预审程序如下。

3.3.1 物色投标代理人

代理制已成为工程项目承包建设中一种普遍采用的制度，是指投标人聘请投标中介机构作为其代理人，参与项目的资格预审书编制、项目调查研究、项目投标书编制及参与投标全过程的工作行为。代理人能力的高低、工作的好坏将直接影响投标的结果。尤其到外地或国外投标，一个在当地有社会关系和影响力的代理人将极大地促进项目的中标。因此，如果投标人根据实际情况，确实需要聘请投标代理人帮助其投标的，应毫不犹豫地聘请有能力、社会关系广泛、诚信可靠的投标代理人。

代理人可以是个人，也可以是公司或集团。无论哪种代理人，投标人在选择时都必须注意：第一，投标代理人必须具备满足投标项目要求的条件，且有助于中标；第二，应与代理人签订代理协议，明确规定代理工作范围和代理人委托人双方的权利、义务。签订协议不仅有利于投标工作的顺利开展，而且也使双方行为规范，严守条约，减少纠纷的产生。

1. 投标代理人应具备的条件

（1）投标代理人必须具有从业资质。

（2）有投标项目的专业知识和丰富的投标代理经验。

（3）有较强的社会活动能力，信息灵通。

（4）在本行业有较高的威望和影响力，在当地有一定的社会背景。

（5）诚实守信，一定要忠实服务于委托人，时刻维护委托人的利益。

2. 代理协议书的内容

（1）双方当事人的姓名、单位或地址。

（2）代理的业务范围和活动地区。

（3）双方当事人的权利、责任和义务。

（4）代理活动的有效期限。

（5）代理费用及其支付方式。

（6）特别酬金的规定。

（7）双方当事人亲笔签名，并盖公章。

代理协议书签订完成后，委托方还应向代理人颁发委托书，以确认委托人给予代理人的授权。委托书实质上就是委托人签发给代理人的授权书。代理人必须在委托人的授权范围内工作，不许越权。

3.3.2　购买资格预审文件

投标人应按照招标单位发布的招标公告或招标邀请函的要求，在规定的时间和地点去购买资格预审文件。如果招标单位要求提供必要的证件，如企业资质证书、营业执照、工作经历等，那么投标单位应提前做好准备，在购买资格预审文件时如实提供相关资料。与此同时，投标单位也可以顺便考察项目的真实性和招标单位或业主的信誉、经济支付能力等。

3.3.3　研究资格预审文件

世界银行采购指南中的资格预审文件包括资格预审通告、资格预审须知及有关附件、各种资格预审申请表格等。国内的工程项目并不都采用世界银行贷款，所以其招标时不一定完全按照世界银行的规定编制资格预审文件。但不管有哪些内容，投标人购买了资格预审文件后一定要仔细阅读，认真研究，尤其要认真阅读以下内容：

（1）对申请预审人的要求。如资格预审文件中规定的对投标人以往的经验和设备、人员、资金等方面完成该项目工作能力的要求，资格预审通过的强制性标准等。如果是国际工程项目投标，还应注意对资格预审申请人在政治上的要求。

（2）要求申请人应提供的资料和有关的证明材料。如招标人要求投标人提供申请人的详细履历、联营体的基本情况、分包商的基本情况等。

（3）资格预审申请递交的截止日期、地址和负责人姓名。

3.3.4　准备资料，填写资格预审文件

申请人在填写资格预审申请书前，要按照资格预审文件的要求，认真准备资料，如以往的经验、近几年财务状况等资料。为了节约时间，提高效率，申请人应在每个工程完工后，做好资料的积累工作，将资料存入到计算机内，并予以整理，以备随时调用。最好请有一定声望的专家或部门对每个完工工程进行质量鉴定，给予书面的优良工程证明，并作为资料保存。一些获奖证书也应复印保存，千万不要临时拼凑。

准备的资料既要能满足资格预审文件的要求，又要对自己有利。根据准备的资料，认真

填写资格预审申请书。填写时要注意以下几点：

（1）突出重点。在填写资格预审申请书时一定要突出重点，突出自己在某方面的优势，如技术管理上的优势、财务能力上的优势、信誉上的优势或经验方面的优势均可。突出重点有利于通过资格预审。

（2）实事求是。填写时一定要实事求是，不得隐瞒，也不得弄虚作假。

（3）分析利弊，采取措施。在对资格预审文件进行认真分析的基础上，同时要分析自己的实力。当发现本企业某些方面难以满足投标要求时，应考虑与适当的其他企业联合，组成联营体来参与资格预审。

3.3.5 提交资格预审文件

填写完资格预审申请书后，应按照招标人的要求，在规定的时间内，将资格预审申请书递交到规定的地点和人员手中。资格预审申请书呈递后，还应注意信息的跟踪，发现有不足之处，应及时补送资料，以争取通过资格预审，成为有资格的投标人。

3.4 调查研究与现场勘察

当通过资格预审成为有资格的投标人后，投标人就应进行投标前的调查研究和现场勘察，这是投标前极其重要的准备工作。如在前述的投标决策阶段对拟投标的项目进行了深入的调查，则拿到招标文件后只需进行有针对性的补充调查即可。否则，应进行全面的调查研究。如果是去国外投标，那么调查研究应更早些，最好在购买资格预审文件时就进行调查研究，以免时间紧张。

3.4.1 投标前的调查研究

投标前的调查研究主要是指与本工程项目相关的承包市场和生产要素市场等方面的调查。主要包括以下几方面的调查。

1. 对招标人情况的调查

调查招标人对本工程提供的资金来源、资金额度、资金的落实情况。调查本工程的各项审批手续是否齐全。调查招标人员在招标评标过程中的习惯做法和对承包人的态度。调查招标人能否秉公办事，是否惯于挑剔刁难。调查招标人的诚信度、支付工程款的能力，以及是否经常按时支付工程款。调查招标人是否能够合理对待承包人的索赔要求等。

2. 对监理工程师的调查

由于监理工程师是受业主的委托、代表业主对工程承包人进行监督管理，因此，监理工程师的工作作风将直接影响到承包商的工作效率和经济效益，所以，投标人还需对监理工程师的情况进行调查。主要调查监理工程师承担过的工程监理任务、工作方式、工作习惯以及对承包人的态度。调查监理工程师处理问题时是否公正，是否能提出合理的解决问题的办法。

3. 对竞争对手的调查

"知己知彼，百战不殆"。投标前应详细了解获得本工程投标资格的公司数量，有多少家承包商购买了招标文件，有多少家承包商参加了标前会议和现场勘察。分析确认可能参与投标的公司，调查这些公司的技术特长、管理水平、以往的工作经验、经营状况等，分析对手的优势和弱势。

4. 生产要素的市场调查

为了使投标时报价合理，且具有竞争力，必须对工程所需的物资品种、价格等做好认真调查，并做好询价工作。调查时不仅要了解物资当时的价格，还要了解过去的价格变化情况，预测未来施工期间可能发生的价格变化，以便在报价时加以考虑。此外，还要了解物资的种类、品种，购买物资时的支付方式、运输方式、供货计划等问题。如果工程施工中需要雇佣当地劳务，则还应了解可能雇佣到的工人的工种、数量、素质、基本工资和各种补助费，以及有关社会福利、社会保险等方面的规定等。如果施工企业需要在当地贷款和使用外汇的，还需要了解当地的信贷利率和外汇汇率。

5. 政治、经济、社会、法律等方面的调查

在政治方面，要调查项目所在地的政治制度、社会制度和政局状况等。如果是国际工程，还要调查项目所在国与周边国家、地区及投标人所在国的关系。

在经济方面，要调查项目所在地的经济发展状况、科学技术发展水平、自然资源状况和交通、运输、通信等基础设施条件等。

在社会方面，要调查项目所在地的社会治安、民俗、民风、民族关系、宗教信仰和工会组织及活动等。

在法律方面，要调查项目所在地的法律法规，尤其要调查与工程项目建设有关的法律法规，如经济法、税法、合同法、工商企业法、劳动法、建筑法、招标投标法、金融法、仲裁法、环境保护法、城市规划法等。如果是国际工程，还要调查项目所在国的宪法、民法、民事诉讼法、移民法、外国人管理法等。

3.4.2 现场勘察

现场勘察就是到工地现场进行考察，一般是标前会议的一部分。招标单位一般在招标文件中要注明现场考察的时间和地点，在招标文件发出后就应安排投标者进行现场考察的准备工作。在考察中，招标人应组织所有投标人进行现场参观和说明。

施工现场勘察是投标者必须经过的投标程序，也是投标人的权利和职责。因此，投标人在报价前必须认真地进行施工现场考察，全面、仔细地调查了解工地及其周围的政治、经济、地理等情况。按照国际惯例，投标人提出的报价单一般认为是在现场考察的基础上编制的。一旦报价单提出之后，投标者就无权因为现场考察不周、情况了解不细或因素考虑不全面而提出修改投标、调整报价或提出补偿等要求。

投标人在去现场考察之前，应事先研究招标文件的内容，特别是文中的工作范围、专用条款，以及设计图纸、说明和技术文件。然后拟定出调查研究的提纲，确定重点要解决的问题，做到事先有准备。

国内外工程招标中，现场考察基本都是由投标者自费进行。考察的内容有以下几个方面：

（1）工地的性质及与其他工程之间的关系。

（2）投标者投标的那段工程与其他分包段工程的关系。

（3）工地的地理位置、用地范围、地形、地貌、地质、气候等情况。

（4）工地附近有无住宿条件，料场开采条件，材料加工条件，设备维修条件等。

（5）工地的施工条件。如工地现场布置临时设施、生活营地的可能性，工地周围的水电、交通、运输的情况，附近现有建筑物情况，周围环境对工程施工的限制因素等。

（6）工地附近的治安情况。

在现场勘察中，投标人应根据本工程的专业技术特点有重点地结合专业要求进行勘察，同时认真做好现场记录，勘察完后进行总结。

3.5 计算和复核工程量

工程量是指以自然计量单位（如个、台、件等）或物理单位（如吨、米等）表示的各分部分项工程和结构构件的实物数量。分部分项工程和结构构件的数量是影响投标报价的主要因素之一。

通常在招标文件中都附有工程量表，投标人在报价时应根据图纸和招标文件的规定，仔细核算工程量，如发现漏项、错误或相差较大时，应通知招标单位要求更正。一般规定，工程量未经招标业主允许，不得修改或变动工程量，否则后果自负。如果业主在投标前未予以更正，而且是对投标者不利的情况，投标者可以在投标时附上声明函件，指出工程量表中的漏项或某项工程量有错误，施工结算应按实际完成量计算，也可以按不平衡报价的思路报价，待以后再解决。如果招标文件中没有列出工程量表，仅有招标图纸，需要投标者根据设计图纸自行计算，按照自己的习惯或按照给定的有关工程量编制方法分项目列出工程量。在计算时应注意以下内容：

（1）正确划分分部分项工程项目，与当地现行定额一致。

（2）按照一定的计算顺序进行，避免漏算或重算。

（3）严格按照图纸标明的尺寸、数据和招标文件中的说明计算。

（4）在计算中一定要结合已定的施工方案或施工方法进行。

复核工程量要尽量的准确无误，因为工程量的大小直接影响投标报价的高低。对于总价合同，由于工程量错误而导致的风险是由承包商承担，工程量的漏算或错算有可能给承包商带来无法弥补的经济损失。因此，对总价合同，按图纸核算工程量就更为重要了。

如果招标的工程是一个大型项目，而投标时间又比较短，要在短时间里核算全部工程数量，将是十分困难的。对这类工程，由于时间紧迫，承包商就应当在报价前核算那些工程数量较大和造价较高的项目，以确保工程量的正确性。

核算工程量一般是按分部分项工程来核算的，这就要求在核算工程量之前，必须先划分或核准分部分项工程项目。分部分项工程的划分既不宜过多过繁，也不宜过少过简。一般情况下，一个民用房屋建筑工程的分项工程为40项左右为宜，比预算项目少，比概算项目多。工业项目的分部分项工程会多些，项数不定，要根据工业项目的规模大小而定。具体划分时可以参照当地的预算定额，或参照《建设工程工程量清单计价规范》（GB 50500—2008）的划分。对于国际工程，一般都标明了工程量的计算方法，若无工程量清单时，则应采用国际上通用的计算工程量的方法。国际上通用的计算工程量的方法有《建筑工程量计算原则（国际通用）》和英国的《建筑工程量标准计算方法（SMM6）》。

对于一般土建工程项目，主要的分部分项工程量的计算如下：

（1）建筑面积。国外通常不用建筑面积作为计价单位，这一项目可以按照国内规定计算。

（2）土石方工程。包括总挖方量、填方量、土方支撑面积和余土、缺土方量；如有可能，还应列出石方量、一般土方量、软土量和淤泥量。另外，还要注意在土方工程中，业主付款时的丈量方法。

（3）桩与地基基础工程。包括混凝土桩工程量、其他桩工程量、地基工程量、边坡处理工程量等。

（4）砌筑工程。包括墙体（内墙、外墙）砌筑工程量、基础砌筑工程量、构筑物砌筑工程量、零星工程砌筑量、散水砌筑工程量、地坪砌筑工程量、地沟砌筑工程量等。还可以进一步细分成石砌筑工程量、空心砖砌筑工程量、黏土砖砌筑工程量、蒸压灰砂砖砌筑工程量、水泥砖砌筑工程量、大型砌块砌筑工程量等。

（5）混凝土及钢筋混凝土工程量。包括现浇素混凝土、现浇钢筋混凝土和预制混凝土、预制钢筋混凝土的各种构件、模板、钢筋数量等。

（6）厂房大门、特种门和木结构工程。包括各种木板大门工程量、钢门工程量、特种门工程量、木屋架工程量、木构件工程量等。

（7）金属结构工程。包括钢屋架、钢网架、钢托架、钢桁架、钢柱、钢梁、钢构件和金属网等工程量。

（8）屋面及防水工程。包括瓦材屋面、型材屋面、屋面防水、墙地面防潮防水等工程量。

（9）防腐、隔热、保温工程。包括防腐面层、其他防腐、隔热、保温等工程量。

（10）楼地面工程。包括整体面层、块料面层、橡塑面层、其他材料面层、楼梯装饰、零星装饰等工程量。

（11）墙、柱面工程。包括墙面抹灰、柱面抹灰、零星抹灰、墙面镶贴块料、柱面镶贴块料、零星镶贴块料、墙饰面、幕墙等工程量。

（12）天棚工程。包括天棚抹灰、天棚吊顶和天棚装饰工程量。

（13）门窗工程。包括金属门、木门、卷帘门、木窗、金属窗等工程量。

（14）油漆、涂料、裱糊工程。包括门窗油漆、木构件油漆、金属面油漆、裱糊等工程量等。

（15）设备及安装工程。包括电梯、自动扶梯、各类工艺设备等工程量，分别以台、套、件和安装总吨位计。

（16）管道安装工程。包括各类给排水、通风、空调调节及工业管道工程量，以延长米计。

（17）电气安装工程。包括各类电缆、电线及安装工程量。

（18）室外工程。包括围墙、绿化等工程量。

此外，在划分分部分项工程、计算和核对工程量时还需注意，有些国际招标工程均有计算工程量的图纸达不到施工图的深度，而日后又按施工图施工，因此，实际工程量和用料标准及做法要求会与作为报价依据的工程量清单所列的数据有出入。实践中遇到这种情况，务必随时核对作出记录，根据合同中的条款提出索赔要求，以避免损失。

3.6 做好施工规划

一般情况下，业主在招标文件中都要求投标者在报价的同时附上施工规划，即初步的施工组织设计，它一般包括工程进度计划和施工方案。业主将根据施工规划判断投标人是否采取了充分和合理的施工措施，是否能按时完成施工任务，以此作为评标的依据。另外，施工规划对投标人也是十分重要的。制定施工规划的依据是设计图纸、复核了的工程量、现场施工条件、开工和竣工的日期要求，以及机械设备来源、劳动力来源等。这些与工程成本直接相关，决定着工程质量、施工进度，因而直接影响着工程成本及报价的高低。因此，在报价以前，必须精心安排施工方案，使施工方案最充分地利用机械设备，最合理地组织劳动力和各种建筑材料，最有效地减少资金的占用，以利于最大限度地降低成本，提高报价的竞争力。施工规划的内容包括以下内容。

1. 工程进度计划

在投标阶段编制的工程进度计划不是施工计划，可以粗略些，一般可用线性图（时间—工作量图）和横道图来编制即可。除招标文件专门规定必须用网络计划图外，不必采用网络计划技术编制。但编制时必须注意以下 6 个方面：

（1）总工期与招标文件中规定的一致。如果合同要求分期分批竣工交付使用，那么，应注明分期交付工程的时间和数量。

（2）标明各主要分部分项工程的开始和结束时间。例如土石方工程、桩与地基基础工程、混凝土和钢筋混凝土工程、屋面工程、装修工程、水电安装工程等的开始和结束时间。

（3）体现各主要工序的相互衔接的合理安排。如基础工程与砌筑工程的衔接、主体工程与装修工程的衔接。

（4）劳动力安排要均衡，尽量避免现场劳动力数量急剧大起大落。

（5）充分有效地利用设备，减少设备的占用周期和限制时间。

（6）便于编制资金流动计划，有利于降低流动资金占用量，节省资金利息。

2. 施工方案

制定施工规划要服从工期要求、质量要求、成本要求、技术可能性等，其主要内容如下：

（1）施工总体部署和场地总平面布置。施工总体部署是对整个工程项目进行的全面安排，并对工程施工中的重大战略问题进行决策。包括项目组织安排、任务分工、施工准备的规划等工作。

场地总平面布置是用来正确处理全工地在施工期间所需要各项设施和永久建筑物之间的空间关系，包括合理规划场地进出口、材料仓库、场地运输、附属生产设施、生活设施、临时房屋建筑和临时水、电、管线等的布置。

（2）选择和确定施工方法。投标者应根据拟投标工程的类型、企业已有的施工机械设备和人员的技术力量来选定主要的单项工程或主要的单位工程及特殊的分项工程的施工方案。再计算这些单项或单位工程的工程量，确定其工艺流程，选定其施工方法。施工方法影响施工机械设备的选用，最终将影响工程施工周期和施工成本。如桩基工程既可以用预制桩，也可以用灌注桩，但两种桩的施工方法完全不同。预制桩需要事先制作桩，然后打桩。打桩又可用锤击，也可用静力压桩。灌注桩需要先挖桩孔，再灌注。灌注桩有钻孔灌注桩、人工挖孔灌注桩和沉管灌注桩三种。三种桩的施工方法也不相同。钻孔灌注桩需要经过钻孔机成孔、泥浆护壁、清渣、水下灌注混凝土等工艺过程完成。人工挖孔灌注桩需要经过人工挖孔、泥浆护壁、清渣、水下灌注混凝土等工艺过程完成。沉管灌注桩是将钢管套在预制混凝土桩尖顶部，用柴油锤或振动锤击钢管，待桩尖进入设计标高后，再在管内灌注混凝土，边灌边拔，直至成桩。以上每种方法的施工周期和施工成本都不尽相同，因此，对大型复杂项目应考虑几种施工方法，进行综合比选。

（3）选择施工机械设备和施工设施。根据已定的施工方法选择施工设备。从上面的例子可以看出，不同的施工方法所用的施工设备是不同的，如预制桩若采用锤击，则需要击锤；若采用静力压桩，则需要液压机。又如人工挖孔灌注桩需要铲、镐、电钻等。此外，每种设备又有各种规格、型号，不同的设备，不同的规格型号，其工作效率和成本均不相同。所以，还要根据生产技术的发展状况，考虑经济性、可能性，认真选择施工机械设备和施工设施。

（4）确定劳动力数量、来源及其配置。根据施工方法和选用的施工机械设备，用概算指标估算直接生产劳务数量，从所需要的直接生产劳务数量，结合以往经验估算所需间接劳务和管理人员数量。在估算劳动力数量的同时，分析劳动力的来源。

（5）安排主要材料需用量、来源及分批进场的时间。用概算指标估算主要的和大宗的建筑材料的需用量，考虑其来源和分批进场的时间安排，从而可以估算现场用于储存、加工的临时设施。

（6）选定自采砂石、自制构配件的生产工艺及机械设备。对需要自行开采的建筑材料，如砂石等，应估计采砂石场的设备、人员，并计算自采砂石的单位成本价格。如有些构件拟在现场自制的，应确定相应的设备、人员，并计算自制构件的成本价格。

（7）选择主要材料和大型机械设备的运输方式。根据工程的规模和材料的用量及类型，考虑外部和内部材料供应的运输方式，估计运输和交通车辆的需要和来源。

（8）确定现场水电需用量、来源及供应设施。根据工程的规模和劳动力的需要量，估算现场用水、用电的需要量、来源及供应设施。

（9）确定临时设施的数量和标准。根据工程的规模和劳动力的需要量，估算生活临时设施的数量和标准。

（10）提出某些特殊条件下保证正常施工的措施。为了保证工程进度，投标人还必须提出某些特殊条件下保证正常施工的措施，如降低地下水位以保证基础或地下工程施工的措施、冬雨季施工措施等。

3.7 投标报价

投标报价是承包商采取投标方式承揽工程项目时，计算和确定承包该工程的投标总价格。报价是进行工程投标的核心，是招标人选择中标者的主要依据，也是业主和投标人进行合同谈判的基础。投标报价是影响投标人投标成败的关键，因此，正确合理地计算和确定投标报价非常重要。

3.7.1 投标报价的主要依据

工程项目投标报价的主要依据如下：

（1）设计图纸及说明。

（2）工程量表。

（3）招标文件。

（4）有关的法律法规。

（5）拟采用的施工方案和进度计划。

（6）施工规范。

（7）物价水平，尤其是劳动力工资水平、材料价格、设备价格等。

（8）运输条件。

3.7.2 研究招标文件

招标文件是投标的主要依据，承包商在动手计算标价以前及整个投标报价之间，都应组织参加投标报价的人员认真阅读招标文件，仔细分析研究。具体包括以下内容。

1. 工程特点、工程量范围和报价要求

（1）投标人应弄清拟投标工程的概况、性质、质量标准、建设范围、建设条件、使用的技术规范、图纸、工程数量、计量方法及现场情况等。

（2）研究永久性工程之外的项目有何报价要求。

（3）了解分包项目的报价，了解供应材料和设备的计价方法。

（4）了解建设期间涨价预备费的规定及调价计算公式。

（5）分清不同种类的合同，对不同种类的合同采取不同的计价方法。投标者在总价合同中承担着工程量方面的风险，所以应当准确计算工程量。在单价合同中，承包商承担着单价不确定的风险，因此投标人应对每一个子项工程的单价作出详细准确的分析。

2. 投标书附件及合同条件

投标书附件的重点是"投标者须知"。"投标者须知"是投标人进行工程项目投标的指南，主要是告诉投标者投标时应注意的事项。它包括工程的资金来源、资格要求、投标费用规定、标前会议规定、投标语言规定、投标价格计算规定、投标货币规定、投标有效期、投标保函的规定、投标文件递交日期及地点、开标时间、评标方法、付款方式、提前竣工或误工的奖惩规定等内容。这些规定直接影响投标人的报价，因此必须认真阅读和研究。

合同条件也称合同条款，是工程项目承发包合同的重要组成部分，是整个投标过程及后期工作中必须严格遵循的准则。合同条件规定的在合同执行过程中，当事人双方的职责范围、权利、义务，维修条款、工期条款、分包条款、材料供应条款、保险条款、验收条款、质量条款、奖惩条款、监理工程师的职责和授权范围、遇到各类问题的处理条款等，都直接关系着日后工程承发包双方利益的分配比例，关系着投标人的报价和将来的工程成本。因此，合同条件是影响投标人投标策略和投标价格的重要因素，必须慎之又慎地反复推敲研究。

3. 施工技术、材料和设备要求

研究招标文件中是否有规定的施工方法和施工验收规范，研究有无特殊的施工技术要求，有无特殊的材料设备技术要求，有无材料设备的供应要求。

此外，在研究招标文件的过程中，尤其要整理出招标文件中含糊不清的问题，留待以后向招标人质疑或索赔用。

3.7.3　投标报价的方法

1. 按照概算编制

就是指按照工程概算定额来计算投标报价。概算定额是确定一定计量单位扩大分项工程的人工、材料和机械台班消耗量的标准。它是按照常用主体结构工程列项，以主要工程内容为主，适当合并相关预算定额的分项内容，进行综合扩大，较之预算定额更为综合扩大的性质。这种投标报价准确性不高，只适合招标单位还没有提供施工图纸，只提供了初步设计图纸的情况。

2. 按照预算编制

就是指按照建筑工程预算定额来划分分部分项工程，计算各分部分项工程的价格，从而确定投标报价。预算定额是确定一定计量单位的分项工程或结构构件的人工、材料和机械台班消耗量的标准以及用货币来表现建筑安装工程预算成本的额度。这种投标报价准确性较高，适合招标单位已经提供了施工图纸的工程。报价的根据是施工图纸。

3. 按照工程量清单编制

我国从 2003 年 7 月 1 日起，正式实施《建设工程工程量清单计价规范》，要求全国各建设工程项目按照工程量清单来招标投标，也就是说要求按照工程量清单来投标报价。这种报价方式是，招标单位提供工程量清单，投标人在报价时以工程量清单为准，参照预算定额，结合企业的施工技术组织措施和物价水平，计算工程的价格。这种投标报价有利于竞争，有利于促进施工生产技术的发展。但是，目前实施工程量清单招标投标的工程尚未普及。

3.7.4　投标费用的组成

国内建设工程投标报价与国际投标报价基本相同，但费用项目分解与内容则有所不同，本节我们主要讲国内工程投标费用的组成。

根据《建设工程工程量清单计价规范》（GB 50500—2008）建设工程项目的投标费用由直接费、间接费、利润和税金组成，如图 3 - 2 所示。

1. 直接费

直接费由直接工程费和措施费组成。

（1）直接工程费。直接工程费是指施工过程中耗费的构成工程实体的各项费用，包括人工费、材料费和施工机械使用费。

1）人工费。人工费是指直接从事建筑安装工程施工的生产工人开支的各项费用，内容包括：

①基本工资，是指发放给生产工人的基本工资。

②工资性补贴，是指按规定标准发放给生产工人的物价补贴，煤、燃气补贴，交通补贴，住房补贴，流动施工津贴等。

③生产工人辅助工资，是指生产工人年有效施工天数以外非作业天数的工资，包括职工学习、培训期间的工资，调动工作、探亲、休假期间的工资，因气候影响的停工工资，女工哺乳时间的工资，病假在 6 个月以内的工资及产、婚、丧假期的工资。

④职工福利费，是指按规定标准计提的职工福利费。

⑤生产工人劳动保护费，是指按规定标准发放的劳动保护用品的购置费及修理费、徒工服装补贴、防暑降温费，以及在有碍身体健康环境中施工的保健费用等。

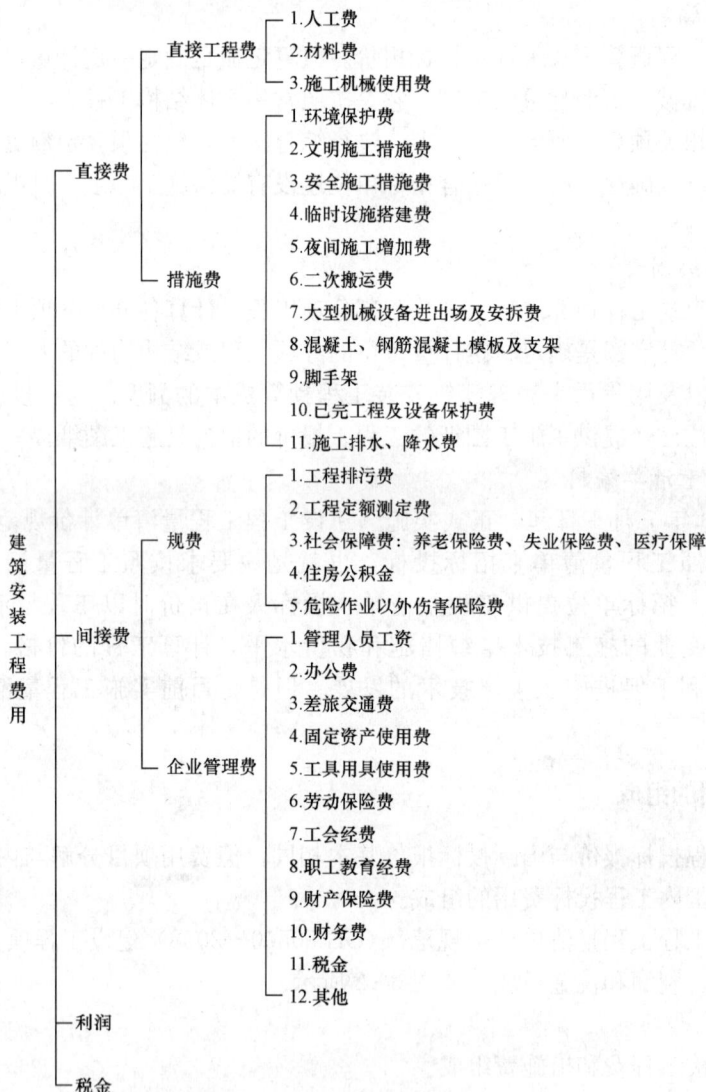

建筑安装工程费用
- 直接费
  - 直接工程费
    - 1.人工费
    - 2.材料费
    - 3.施工机械使用费
  - 措施费
    - 1.环境保护费
    - 2.文明施工措施费
    - 3.安全施工措施费
    - 4.临时设施搭建费
    - 5.夜间施工增加费
    - 6.二次搬运费
    - 7.大型机械设备进出场及安拆费
    - 8.混凝土、钢筋混凝土模板及支架
    - 9.脚手架
    - 10.已完工程及设备保护费
    - 11.施工排水、降水费
- 间接费
  - 规费
    - 1.工程排污费
    - 2.工程定额测定费
    - 3.社会保障费：养老保险费、失业保险费、医疗保障
    - 4.住房公积金
    - 5.危险作业以外伤害保险费
  - 企业管理费
    - 1.管理人员工资
    - 2.办公费
    - 3.差旅交通费
    - 4.固定资产使用费
    - 5.工具用具使用费
    - 6.劳动保险费
    - 7.工会经费
    - 8.职工教育经费
    - 9.财产保险费
    - 10.财务费
    - 11.税金
    - 12.其他
- 利润
- 税金

图 3-2 建筑安装工程费用组成

2) 材料费。材料费是指施工过程中耗费的构成工程实体的原材料、辅助材料、构配件、零件、半成品的费用。内容包括以下几项：

①材料原价（或供应价格）。

②材料运杂费，是指材料自来源地运至工地仓库或指定堆放地点所发生的全部费用。

③运输损耗费，是指材料在运输装卸过程中不可避免的损耗。

④采购及保管费，是指为组织采购、供应和保管材料过程中所需要的各项费用。

⑤检验试验费，是指对建筑材料、构件和建筑安装物进行一般鉴定、检查所发生的费用，包括自设试验室进行试验所耗用的材料和化学药品等费用，不包括新结构、新材料的试验费和建设单位对具有出厂合格证明的材料进行检验、对构件做破坏性试验及其他特殊要求

检验试验的费用。

3）施工机械使用费。施工机械使用费是指施工机械作业所发生的机械使用费，以及机械安拆费和场外运费。

施工机械台班单价应由下列 7 项费用组成：

①折旧费，指施工机械在规定的使用年限内陆续收回其原值及购置资金的时间价值。

②大修理费，指施工机械按规定的大修理间隔台班进行必要的大修理，以恢复其正常功能所需的费用。

③经常修理费，指施工机械除大修理以外的各级保养和临时故障排除所需的费用。包括为保障机械正常运转所需替换设备与随机配备工具附具的摊销和维护费用、机械运转中日常保养所需润滑与擦拭的材料费用及机械停滞期间的维护和保养费用等。

④安拆费及场外运费。安拆费指施工机械在现场进行安装与拆卸所需的人工、材料、机械和试运转费用以及机械辅助设施的折旧、搭设、拆除等费用；场外运费指施工机械整体或分体自停放地点运至施工现场或由一施工地点运至另一施工地点的运输、装卸、辅助材料及架线等费用。

⑤人工费，指机上司机（司炉）和其他操作人员的工作日人工费及上述人员在施工机械规定的年工作台班以外的人工费。

⑥燃料动力费，指施工机械在运转作业中所消耗的固体燃料（煤、木柴）、液体燃料（汽油、柴油）及水、电费用等。

⑦养路费及车船使用税，指施工机械按照国家规定和有关部门规定应缴纳的养路费、车船使用税、保险费及年检费等。

（2）措施费。措施费是指为完成工程项目施工，发生于该工程施工前和施工过程中非工程实体项目的费用。措施费包括施工技术措施费和施工组织措施费。其中，施工技术措施费包括大型机械进出场及安拆费，混凝土、钢筋混凝土模板及支架、脚手架搭拆费和已完工程及设备保护费。施工组织措施费包括：环境保护费，文明施工费，安全施工费，临时设施费，夜间施工增加费，二次搬运费，冬雨期施工费，生产工具用具使用费，工程定位复测费，工程交点费，场地清理费，施工排水、降水费等。

1）环境保护费，是指施工现场为达到环保部门要求所采取措施所需要的各项费用。

2）文明施工费，是指施工现场为达到现场文明施工生产而采取措施所需要的各项费用。

3）安全施工费，是指施工企业为保证现场施工安全而采取相应措施所需要的各项费用。

4）临时设施费，是指施工企业为进行建筑工程施工所必须搭设的生活和生产用的临时建筑物、构筑物和其他临时设施费用等。

5）夜间施工费，是指因夜间施工所发生的夜班补助费、夜间施工降效、夜间施工照明设备摊销及照明用电等费用。

6）二次搬运费，是指因施工场地狭小等特殊情况而发生的二次搬运费用。

7）冬雨期施工费，是指在冬天和雨季施工所发生的施工补助费、施工措施增加费等。

8）生产工具用具使用费，是指施工企业在采取施工技术和组织措施时使用的各种生产工具、用具而发生的费用。

9）工程定位复测费，是指因施工需要对工程定位点，如水准点、坐标点进行测量而发生的各种费用。

10）工程交点费，是指施工企业与监理工程师或工程咨询公司进行工程定位点，如水准点、坐标点的交接而发生的各项费用。

11）大型机械设备进出场及安拆费，是指机械整体或分体自停放场地运至施工现场或由一个施工地点运至另一个施工地点，所发生的机械进出场运输及转移费用及机械在施工现场进行安装、拆卸所需的人工费、材料费、机械费、试运转费和安装所需的辅助设施的费用。

12）混凝土、钢筋混凝土模板及支架费，是指混凝土施工过程中需要的各种钢模板、木模板、支架等的支、拆、运输费用及模板、支架的摊销（或租赁）费用。

13）脚手架费，是指施工中需要的各种脚手架搭、拆、运输费用及脚手架的摊销（或租赁）费用。

14）已完工程及设备保护费，是指在工程竣工验收前，对已完工程及设备进行保护所需的费用。

15）施工排水、降水费，是指为确保工程在正常条件下施工，采取各种排水、降水措施所发生的各种费用。

16）场地清理费，是指施工企业为保证施工顺利进行而对场地进行清理而发生的费用。

2. 间接费

间接费由规费和企业管理费组成。

（1）规费。规费是指政府和有关权力部门规定必须缴纳的费用，包括工程排污费、工程定额测定费、社会保障费、住房公积金、危险作业意外伤害保险费等。

1）工程排污费，是指企业在施工现场排放废渣、废气、废水等按规定应上缴给有关管理部门的费用。

2）工程定额测定费，是指按规定每年应支付给工程造价（定额）管理部门的定额测定费。

3）社会保障费，是指施工企业按规定标准为职工缴纳的各种社会保险费，包括养老保险费、失业保险费和医疗保险费。

4）住房公积金，是指企业按规定标准为职工缴纳的住房公积金。

5）危险作业意外伤害保险，是指按照《建筑法》规定，企业为从事危险作业的建筑安装施工人员支付的意外伤害保险费。

（2）企业管理费。企业管理费是指建筑安装企业组织施工生产和经营管理所需的费用，包括管理人员工资、办公费、交通差旅费、固定资产使用费、工具用具使用费、劳动保险费、工会经费、职工教育经费、财产保险费、财务费、税金等。

1）管理人员工资，是指施工企业管理人员的基本工资、工资性补贴、职工福利费、劳动保护费等。

2）办公费，是指施工企业内管理办公用的文具、纸张、账表、印刷、邮电、书报、会议、水电、烧水和集体取暖（包括现场临时宿舍取暖）用煤等费用。

3）交通差旅费，是指施工企业职工因公出差、调动工作的差旅费、住勤补助费，市内交通费和午餐补助费，职工探亲路费，劳动力招募费，职工离退休、退职一次性路费，工伤人员就医路费，工地转移费以及管理部门使用的交通工具的油料、燃料、养路费及牌照费。

4）固定资产使用费，是指施工企业的管理和试验部门及附属生产单位使用的属于固定资产的房屋、设备仪器等的折旧、大修、维修或租赁费。

5）工具用具使用费，是指施工企业管理使用的不属于固定资产的生产工具、器具、家具、交通工具和检验、试验、测绘、消防用具等的购置、维修和摊销费。

6）劳动保险费，是指由施工企业支付离退休职工的异地安家补助费、职工退职金、6 个月以上的病假人员工资、职工死亡丧葬补助费、抚恤费、按规定支付给离休干部的各项经费。

7）工会经费，是指施工企业按职工工资总额计提的工会经费。

8）职工教育经费，是指企业为职工学习先进技术和提高文化水平，按职工工资总额计提的费用。

9）财产保险费，是指施工管理用财产、车辆的保险费。

10）财务费，是指企业为筹集资金而发生的各种费用。

11）税金，是指企业按规定缴纳的房产税、车船使用税、土地使用税、印花税等。

12）其他费用，包括技术转让费、技术开发费、业务招待费、绿化费、广告费、公证费、法律顾问费、审计费、咨询费等。

3. 利润

利润是指施工企业完成所承包工程而获得的盈利。

4. 税金

税金是指国家税法规定的应计入建筑安装工程造价内的营业税、城市维护建设税及教育费附加等。

3.8　投标文件的编制与报送

投标文件是投标活动的一个书面成果，它是投标人能否通过评标、决标、中标，进而签订合同的依据。因此，投标人应对投标文件的编制和递送给予高度重视。

3.8.1　投标报价单的编制

投标报价单是投标书的主要内容，也是业主评标时重点考核的对象，它在很大程度上决定着投标的成功与否。编制投标报价单时，必须以严格的科学分析和计算为基础，经过多种报价方案的分析、比较，合理地确定最终投标报价，才可能中标。

计算报价时，一般应根据招标人要求的承包方式和拟签订的合同类型，采用相应的计算方法来确定。根据原建设部 2001 年 11 月发布的第 107 号部令《建筑工程施工发包与承包计价管理办法》的规定，发包与承包价的计算方法分为工料单价法和综合单价法。两种计价方法的计算程序如下。

1. 工料单价法计算程序

工料单价法是以分部分项工程量乘以单价后的合计为直接工程费，直接工程费以人工、材料、机械的消耗量及其相应价格确定。直接工程费汇总后另加间接费、利润、税金生成工程承包价，其计算程序分为 3 种。

（1）以直接费为计算基础，见表 3-1。

（2）以人工费和机械费为计算基础，见表 3-2。

表 3-1 以直接费为计算基础的计算程序

序 号	费 用 项 目	计 算 方 法
(1)	直接工程费按预算定额计算	
(2)	措施费按规定标准计算	
(3)	小计(1)+(2)	
(4)	间接费	(3)×间接费费率
(5)	利润	[(3)+(4)]×相应利润率
(6)	合计(3)+(4)+(5)	
(7)	含税造价	(6)×(1+相应税率)

表 3-2 以人工费和机械费为计算基础的计算程序

序 号	费 用 项 目	计 算 方 法
(1)	直接工程费	按预算定额计算
(2)	其中：人工费和机械费	按预算定额计算
(3)	措施费	按规定标准计算
(4)	其中：人工费和机械费	按规定标准计算
(5)	小计	(1)+(3)
(6)	人工费和机械费	小计(2)+(4)
(7)	间接费	(6)×间接费费率
(8)	利润	(6)×相应利润率
(9)	合计	(5)+(7)+(8)
(10)	含税造价	(9)×(1+相应税率)

（3）以人工费为计算基础，见表 3-3。

表 3-3 以人工费为计算基础的计算程序

序 号	费 用 项 目	计 算 方 法
(1)	直接工程费	按预算定额计算
(2)	其中：人工费	按预算定额计算
(3)	措施费	按规定标准计算
(4)	其中：人工费	按规定标准计算
(5)	小计	(1)+(3)
(6)	人工费	小计(2)+(4)
(7)	间接费	(6)×间接费费率
(8)	利润	(6)×相应利润率
(9)	合计	(5)+(7)+(8)
(10)	含税造价	(9)×(1+相应税率)

2. 综合单价法计算程序

综合单价法是以分部分项工程单价为全费用单价经综合计算后生成，其内容包括直接工程费、间接费、利润和税金（措施费也可按此方法生成全费用价格）。

各分项工程量乘以综合单价的合价汇总后，生成工程报价。

由于各分部分项工程中的人工、材料、机械含量的比例不同，各分项工程可根据其材料费占人工费、材料费、机械费合计的比例（以字母"C"代表该项比值）在以下三种计算程序中选择一种计算其综合单价。

（1）当 $C > C_0$（C_0 为本地区原费用定额测算所选典型工程材料费占人工费、材料费和机械费合计的比例）时，可采用以人工费、材料费、机械费合计（也叫直接费）为基数计算该分项的间接费和利润，见表 3-4。

表 3-4　　　　　　　　　　以直接费为计算基础的计算程序

序　号	费 用 项 目	计 算 方 法
（1）	分项直接工程费	人工费＋材料费＋机械费
（2）	间接费	（1）×间接费费率
（3）	利润	[（1）＋（2）]×相应利润率
（4）	合计	（1）＋（2）＋（3）
（5）	含税造价	（4）×（1＋相应税率）

（2）当 $C < C_0$ 值的下限时，可采用以人工费和机械费合计为基数计算该分项的间接费和利润，见表 3-5。

表 3-5　　　　　　　　以人工费和机械费为计算基础的计算程序

序　号	费 用 项 目	计 算 方 法
（1）	分项直接工程费	人工费＋材料费＋机械费
（2）	其中：人工费和机械费	人工费＋机械费
（3）	间接费	（2）×间接费费率
（4）	利润	（2）×相应利润率
（5）	合计	（1）＋（3）＋（4）
（6）	含税造价	（5）×（1＋相应税率）

（3）如该分项的直接费仅为人工费，无材料费和机械费时，可采用以人工费为基数计算该分项的间接费和利润，见表 3-6。

表 3-6　　　　　　　　　　以人工费为计算基础的计算程序

序　号	费 用 项 目	计 算 方 法
（1）	分项直接工程费	人工费＋材料费＋机械费
（2）	其中：人工费	人工费
（3）	间接费	（2）×间接费费率
（4）	利润	（2）×相应利润率
（5）	合计	（1）＋（3）＋（4）
（6）	含税造价	（5）×（1＋相应税率）

3.8.2 投标报价的计算方法

1. 直接费

（1）直接工程费。

$$直接工程费 = 人工费 + 材料费 + 施工机械使用费$$

1）人工费。

$$人工费 = \sum(工日消耗量 \times 日工资单价)$$

而

$$日工资单价 = 基本工资 + 工资性补贴 + 生产工人辅助工资$$
$$+ 职工福利费 + 生产工人劳动保护费$$

其中

$$基本工资 = \frac{生产工人平均月工资}{年平均法定工作日}$$

$$工资性补贴 = \frac{\sum 年发放标准}{全年日历日 - 法定假日} + \frac{\sum 月发放标准}{年平均法定工作日} + 每工作日发放标准$$

$$生产工人辅助工资 = \frac{全年无效工作日 \times (基本工资 + 工资性补贴)}{全年日历日 - 法定假日}$$

$$职工福利费 = (基本工资 + 工资性补贴 + 生产工人辅助工资) \times 福利费计提比例(\%)$$

$$生产工人劳动保护费 = \frac{生产工人年平均支出劳动保护费}{全年日历日 - 法定假日}$$

2）材料费。

$$材料费 = \sum(材料消耗量 \times 材料基价) + 材料检验试验费$$

①材料基价。

$$材料基价 = \{(材料供应价格 + 运杂费) \times [1 + 运输损耗率(\%)]\}$$
$$\times [1 + 采购保管费率(\%)]$$

②检验试验费。

$$检验试验费 = \sum(单位材料量检验实验费 \times 材料消耗量)$$

3）施工机械使用费。

$$施工机械使用费 = \sum(施工机械台班消耗量 \times 机械台班单价)$$

而

$$机械台班单价 = 台班折旧费 + 台班大修费 + 台班经常修理费 + 台班安拆费及场外运输费$$
$$+ 台班人工费 + 台班燃料动力费 + 台班养路费及车船使用费$$

（2）措施费。措施费中的施工技术措施费取费标准按工程类别计算，不同的计算基础，其费率不同。施工技术措施费由各地区或国务院有关专业主管部门的工程造价管理机构自行制定。以直接工程费和施工技术措施项目直接工程费为计算基础时，施工组织措施费的综合费率一般为1.5%左右，以人工费为计算基础时，施工组织措施费的综合费率一般为8%左右。

这里介绍一些通用措施费项目的计算方法，各专业工程的专用措施费项目的计算方法由各地区或国务院有关专业主管部门的工程造价管理机构自行制定。

1）环境保护费。

$$环境保护费 = 直接工程费 \times 环境保护费费率(\%)$$

而

$$环境保护费费率(\%) = \frac{本项费用年度平均支出}{全年建安产值 \times 直接工程费占总造价比例(\%)}$$

2）文明施工费。

$$文明施工费 = 直接工程费 \times 文明施工费费率(\%)$$

而

$$文明施工费费率(\%) = \frac{本项费用年平均支出}{全年建安产值 \times 直接工程费占工程总价比例(\%)}$$

3）安全施工费。

$$安全施工费 = 直接工程费 \times 安全施工费费率(\%)$$

而

$$安全施工费费率(\%) = \frac{本项费用年平均支出}{全年建安产值 \times 直接工程费占工程总造价比例(\%)}$$

4）临时设施费。临时设施费由周转使用临时建筑如活动房屋、一次性使用临时建筑如简易建筑和其他临时设施如临时管线三部分组成。

$$临时设施费 = （周转使用临建费 + 一次性使用临建费）$$
$$\times [1 + 其他临时设施所占比例(\%)]$$

其中

$$周转使用临建费 = \sum \left[\frac{临建面积 \times 每平方米造价}{使用年限 \times 365 \times 利用率(\%)} \times 工期（天） \right] + 一次性拆除费$$

$$一次性使用临建费 = \sum 临建面积 \times 每平方米造价 \times [1 - 残值率(\%)] + 一次性拆除费$$

其他临时设施在临时设施费中所占比例，可由各地区造价管理部门依据典型施工企业的成本资料经分析后综合测定，计算标价时参考即可。

5）夜间施工增加费。

$$夜间施工增加费 = \left(1 - \frac{合同工期}{定额工期}\right) \times \frac{直接工程费中的人工费合计}{平均日工资单价}$$
$$\times 每工日夜间施工费开支$$

6）二次搬运费。

$$二次搬运费 = 直接工程费 \times 二次搬运费费率(\%)$$

而

$$二次搬运费费率(\%) = \frac{年平均二次搬运费开支额}{全年建安产值 \times 直接工程费占总造价的比例(\%)}$$

7）大型机械进出场及安拆费。

$$大型机械进出场及安拆费 = \frac{一次进出场及安拆费 \times 年平均安拆次数}{年工作台班}$$

8）混凝土、钢筋混凝土模板及支架费。

$$模板及支架费 = 模板摊销量 \times 模板价格 + 支、拆、运输费$$

其中

$$模板摊销量 = 一次使用量 \times （1 + 施工损耗率）$$
$$\times \left[1 + \frac{（周转次数 - 1） \times 补损率(\%)}{周转次数} - \frac{1 - 补损率(\%)}{2 \times 周转次数} \right]$$

$$租赁费 = 模板使用量 \times 使用日期 \times 租赁价格 + 支、拆、运输费$$

9）脚手架搭拆费。

$$脚手架搭拆费 = 脚手架摊销量 \times 脚手架价格 + 搭、拆、运输费$$

$$脚手架摊销量 = \frac{\{单位一次使用量 \times [1 - 残值率（\%）]\} \times 一次使用期}{耐用期}$$

$$租赁费 = 脚手架每日租金 \times 搭设周期 + 搭、拆、运输费$$

10）已完工程及设备保护费。

$$已完工程及设备保护费 = 成品保护所需机械费 + 材料费 + 人工费$$

11）施工排水、降水费。

$$排水降水费 = \sum 排水降水机械台班费 \times 排水降水周期 + 排水降水使用材料费、人工费$$

2. 间接费

间接费的计算方法按取费基数的不同分为以下三种：

第一种，以直接费为计算基础，间接费＝直接费合计×间接费费率（％）。

第二种，以直接费和机械费合计为计算基础，间接费＝直接费和机械费合计×间接费费率（％）。

第三种，以人工费为计算基础，间接费＝人工费合计×间接费费率（％）。

而间接费费率由规费费率和企业管理费费率两部分组成。

（1）规费费率。一般由造价管理部门根据本地区典型工程发承包价的分析资料综合取定规费计算中所需数据，如每万元发承包价中人工费含量和机械费含量，人工费占直接费的比例及每万元发承包价中所含规费缴纳标准的各项基数。规费费率的计算公式如下。

1）以直接费为计算基础。

$$规费费率（\%） = \frac{\sum 规费缴纳标准 \times 每万元发承包价计算基数}{每万元发承包价中的人工费含量} \times 人工费占直接费的比例（\%）$$

2）以人工费和机械费合计为计算基础。

$$规费费率（\%） = \frac{\sum 规费缴纳标准 \times 每万元发承包价计算基数}{每万元发承包价中的人工费含量和机械费含量} \times 100\%$$

3）以人工费为计算基础。

$$规费费率（\%） = \frac{\sum 规费缴纳标准 \times 每万元发承包价计算基数}{每万元发承包价中的人工费含量} \times 100\%$$

计算时，多数情况都参照国家或地区的有关取费标准，取综合费率。采用工程量清单计价和定额计价的规费费率是不相同的。一般采用工程量清单计价的规费综合费率为5％左右，而采用定额计价的规费综合费率为6％左右。

（2）企业管理费费率。企业管理费费率计算公式为：

1）以直接费为计算基础。

$$企业管理费费率（\%） = \frac{生产工人年平均管理费}{年有效施工天数 \times 人工单价} \times 人工费占直接费比例（\%）$$

2）以人工费和机械费合计为计算基础。

$$企业管理费费率(\%) = \frac{生产工人年平均管理费}{年有效施工天数 \times (人工单价 + 每一工日机械使用费)} \times 100\%$$

3）以人工费为计算基础。

$$企业管理费费率(\%) = \frac{生产工人年平均管理费}{年有效施工天数 \times 人工单价} \times 100\%$$

企业管理费一般按工程类别计算，计算时常常参照国家或地区的有关取费标准。

3. 利润

利润计算公式见表 3-1～表 3-6。

利润率也可以参照国家或地区的有关利润标准计算，一般随工程类别不同而不同。企业也可以自行确定利润率，但最好不要高于本地区造价管理部门制定的利润率标准，否则报价没有竞争力。

4. 税金

税金是上缴给国家或地区的法定资金，必须按照规定计算。只要是直接费、间接费和利润已经确定，税金就不能更改。

税金计算公式为：

$$税金 = 不含税工程造价 \times 综合税率(\%)$$

而综合税率又有以下三种情况：

（1）纳税地点在市区的企业，综合税率为 3.41%。

（2）纳税地点在县城、镇的企业，综合税率为 3.35%。

（3）纳税地点不在市区、县城、镇的企业，综合税率为 3.22%。

按照以上方法计算出的报价只是初步的报价，投标人还应对各主要分项工程的单价进行分析比较，并将自己计算的报价与先进合理的同类型工程进行比较，看看是否偏高、偏低或不合理。通过比较，发现有不合理的因素，应及时进行调整，该升则升，该降则降，然后将调整后的标价作为"内部标价"。

根据以上的计算，投标人就可以编制投标报价单了。如果招标人是按工程量清单招标的，那么直接将分项工程单价填写在工程量清单上，同时编制费用总表和报价汇总表一同作为报价单。如果招标人是按传统的方式招标，则需要按预算书的格式编写投标预算书，并编制报价汇总表一同作为报价单。

3.8.3 投标书的制作

1. 投标书的内容

投标书一般由商务标和综合标两部分组成，也有的分为商务标、技术标和综合标。

（1）商务标。商务标主要包括投标函及投标函附表、银行出具的投标保函、法定代表人资格证书、法定代表人委托书、对招标文件的合同协议条款的确定和响应、投标单位及个人的有关的资格证明材料、分项工程量价格表或投标预算书等。

1）投标函及投标函附表。招标文件中通常有规定的投标函格式，投标人只需按规定的格式填写必要的数据和签字即可，以表明投标人对各项基本保证的确认。确认的内容包括工期和开工日期、工程质量标准、总报价金额、接受投标后提供履约保证等。下面是一个投标函的格式案例：

投 标 函

（招标单位名称）：

一、根据已收到的_____工程的招标文件，遵循《中华人民共和国招标投标法》等有关法律、法规的规定，经考察现场和研究招标文件后，我方愿意以人民币（大写）_____元整（RMB：_____万元）的投标报价，按招标文件的要求承包上述工程的施工、竣工并修补其任何缺陷。

二、一旦我方中标，我方将保证合同专用条款中规定的开工日期开始施工，并在合同专用条款中规定的预计竣工日期完成和交付全部工程，即在_____年_____月_____日开工，共计_____个日历天内竣工并移交全部工程。

三、如果我方中标，我方将按照招标文件的规定提交上述合同价_____％的银行保函或上述总价_____％的由具有独立法人资格的经济实体出具的履约担保，共同地和分别地承担责任。

四、我方保证本工程质量达到_____标准。

五、你方的招标文件、中标通知书和本投标文件将构成约束我们双方的合同。

六、我方将以金额为人民币（大写）_____元整（RMB：_____万元）的投标担保与本投标函同时递交。

投标人（盖章）：_____

法定代表人或其委托的代理人（签字或盖章）：_____

单位地址：

邮政编码：   电话：   传真：

年 月 日

投标函后面可能还附有附表，说明履约保证金额、第三方责任保险的最低金额、开工与竣工日期、误期损害赔偿费、提前竣工奖金、保留金的百分比及额度、每次进度付款的最低限额、每次支付进度款的期限等。表3-7是某工程的一个投标函附表的格式。

表3-7   投 标 函 附 表

序号	项 目 内 容	约定内容	备 注
1	履约担保：银行保函金额	合同价的10％	
2	发出开工通知时间	签署合同协议书之日	
3	完工时间	300天	
4	误期赔偿费金额	3000元/天	
5	误期赔偿费限额	合同价的3％	
6	提前工期奖	2000元/天	
7	工程质量达到优良标准补偿金	10 000元	
8	工程质量未达到优良标准赔偿金	合同价的3％	
9	保修期		按建设工程质量管理条例办理

续表

序号	项 目 内 容	约定内容	备 注
10	保修金限额	合同价的 5%	
11	优惠条件	按中标价下浮 1%	
12	动员预付款金额	合同价的 10%	
13	保留金额	月付款的 10%	
14	保留金限额	合同价的 5%	
15	投标单位为本合同提供流动资金的数量	30 万元	

有时招标文件还要求投标人递交其他的表格，如报价汇总表、开办费明细表、工程进度表、支付现金流量表、主要材料汇总表、主要施工机械表、临时设施布置及用地表等，对这些表格投标人也应该认真填写，并一同递交。

2）投标保函。须按招标文件中所附的格式由业主同意的银行开出。

3）法定代表人资格证书，包括法定代表人的法人资格证书和身份证复印件。这是法人身份证明，是必须向招标人提供的。

4）法定代表人委托书，是法定代表人授权委托代理人代理其投标的依据。下面是某工程的法定代表人委托书格式。

法定代表人授权委托书

本授权委托书申明：我(投标单位法定代表人名)系(投标单位名称)的法定代表人，现委托(代理单位名称)的(代理人名)为我的代理人，以本公司的名义参加(招标单位名称)的(招标工程名称)工程的投标。授权委托人在开标、评标、合同谈判过程中所签署的一切文件和处理与之有关的一切事务，我均予以承认。

代理人无转委托权，特此委托。

投标人（盖章）：_____

法定代表人（盖章）：_____

代理人：_____ 性别：_____ 年龄：_____

代理人身份证号码：_____ 代理人职务：_____

委托授权日期：_____年_____月_____日

5）对招标文件的合同协议条款的确定和响应。这是对招标人及招标文件的一种承诺。下面是某工程的"招标文件的合同协议条款的确定和响应"的例子。

招标文件的合同协议条款的确定和响应

(招标单位名称)：

我公司对本招标文件的内容积极响应，对合同协议条款予以接受，并作为我公司投标文件的组成部分。若我公司有幸中标，招标文件将作为合同条款的组成部分，与合同具有同等法律效力，严格执行。

若有违招标文件，贵公司可给予相应处罚。

若我公司有幸中标承建本工程，我方愿与贵公司精诚合作，履行承诺，以优良的质量、合理的造价、真诚的服务圆满地完成该项施工任务，为贵公司建设发展作出贡献。

投标单位（盖章）：

法定代表人或其委托的代理人（签字或盖章）：

年　　月　　日

6）投标单位及个人的有关资格证明材料。投标单位必须如实提供这些证明材料，内容包括企业营业执照、企业资质证书、行业安全资格证书、外来驻本地企业注册登记证、安全生产认可证及其他如建设网会员证、协会会员证等。

7）分项工程量价格表或投标预算书。一般要求在招标文件所附的工程量表原件上填写单价和总价，每页均有小计，并有最后的汇总价。工程量表的每一数字均需认真校核，并签字确认。投标预算书基本按照施工图预算书的格式编写，但不必那么详细。

（2）综合标。主要包括施工项目组织机构的设置、项目班子的配备及人员情况、投标承诺及对招标文件的确认和响应措施（初步的施工组织设计）和企业近几年的业绩等。

1）项目班子的配备。包括对投标工程将配备的项目班子的基本情况介绍、项目组织机构图、主要施工人员及业绩一览表、项目经理职责、项目经理介绍、项目经理资质、项目经理的工作经历与业绩、项目技术负责人的资质和简历、项目质检员的资质和简历、项目安全员的资质和简历、项目材料员的资质和简历、项目预算员的资质和简历等。

2）投标承诺及对招标文件的确认和响应措施。内容包括工期承诺及处罚措施、施工进度计划图（以横道图居多）、工程质量承诺及处罚措施、工程质量保修承诺及处罚措施等。

3）企业近几年的业绩。包括投标企业近几年合同的履约情况、企业近几年业绩一览表、企业质量管理体系认证情况、企业采用新技术新工艺的情况、企业近几年获得的荣誉证书、企业近几年整体形象评价、企业法人荣誉证书等。

制作投标书时，一般商务标在前，综合标在后，编制完后按顺序装订成册。

2. 编制投标书时应注意的问题

编制投标书时应注意以下方面的问题：

（1）投标文件中的各种表格必须严格按照招标文件提供的格式编制。填写表格时应按照招标文件的要求填写，决不能随心所欲。所有表格不能有空，应全部填满。而且，重要的项目或数字，如质量等级、价格、工期等不能漏填，否则就会被认作是废标或无效标。

（2）投标文件的内容必须按招标文件的要求来编写，切勿对招标文件的要求进行修改或提出保留意见。如果投标人确实发现招标文件中有问题的，应采取相应的处理办法。如存在的问题对投标人有利，则可以在投标时加以利用或在以后建设过程中提出索赔，对这类问题暂时不提出来；如存在有明显的错误且对投标人不利，对这类问题投标人应及时向业主提出质疑，要求更正；如招标文件的内容存在不科学、不合理的地方，改进后对双方都有利的，对这类问题，投标人可以留待合同谈判时根据业主当时的兴趣提出来，以争取主动权。无论是哪类问题，投标人都应该做好备忘录。

（3）投标文件的"副本"应与"正本"一致，"副本"与"正本"不一致时以"正本"为准。"正本"只有一本，"副本"必须按照招标文件附表要求的份数提供。

（4）投标文件应打印清楚、整洁、美观。补充的设计图纸也应美观，给业主留下好的印象。所有投标文件均应由投标人的法定代表人签字，并加盖印章及法人公章。所有投标文件都要装订成册，小型工程可装订一册，大、中型工程可分册装订。

（5）编制投标文件时，应对计算过程反复核对、认真检查，保证分项和汇总计算一致。投标文件中不能有计算和文字错误。全套投标文件应当没有涂改和行间插字，如有个别涂改和行间插字，必须在有涂改和行间插字的地方由投标负责人签字并加盖印章。

（6）如招标文件规定投标保证金为合同总价的某一百分比，投标人不宜过早开具投标保函，以防泄漏自己的投标报价。

（7）要注意投标文件的语言组织，必须考虑开标后如果进入评标对象，在评标中采用的对策。如替代方案的优点的阐明，向业主致函，都应该有利于中标。

3.8.4　投标文件的提交

投标文件的提交也称递标，是指投标人在规定的投标截止日期之前，将准备妥善的所有投标文件密封递送到招标单位的行为。

对于招标单位，在收到投标人的投标文件后，应签收或通知投标人已经收到其投标文件，并记录收到的日期和时间。同时，在收到投标文件到开标之前，所有投标文件不得启封，并应采取相应的保证措施，保证投标文件的安全。

递标时必须注意以下 3 点：

（1）投标文件的递送应在招标文件规定的截止日期之前，否则即不接受，或算作废标。但也不宜过早投递，以免泄漏信息。

（2）所有投标文件的正、副本都应用内外两层信封包装。外层封面应写明招标单位的名称、地址、邮政编码、合同名称、工程名称和招标编号，并注明"开标前不得拆封"。内层封面应填写投标人的名称、地址、邮政编码等，以便投标文件送达时间超出截止日期时，招标单位能原封不动退回其标书。

（3）注意信息跟踪。投标书递送后应时刻注意信息跟踪，一旦发现不足，要及时提供补充说明。如有必要，可以给业主致函，表明投送投标文件后考虑到与业主长期合作的诚意，决定降低报价一定的百分比。但信函要写得简明扼要，措词要委婉有说服力。

小　　　结

在市场经济条件下，投标是材料供应商、工程设计企业、工程施工企业和工程监理公司等获得工程项目建设合同的主要途径。但是，在激烈的市场竞争中，要想获得中标，就必须遵循客观规律，严格按照投标程序办事。掌握投标工作内容、做好投标准备工作、编制具有竞争实力的投标文件是投标成功的关键。

工程项目的投标程序是：获取投标信息→参加资格预审→购买和阅读招标文件→现场勘察、计算和复核工程量、参加标前会议、市场询价→编制施工规划→研究投标技巧→计算投标报价→编制投标文件→递送投标文件。

在正式投标前积极做好各项投标准备工作，有助于投标的成功。投标准备工作包括获取并查证投标信息，对业主进行必要的调查分析，成立投标工作机构，寻求合作伙伴，办理注册手续，参加资格预审。

投标人在做好各项投标准备工作后，还必须进行投标前的调查研究和现场勘察，主要是调查研究与拟投标工程项目相关的承包市场和生产要素市场等方面的内容。现场勘察就是到工地现场进行考察，了解现场的有关情况。

核算工程量一般是按分部分项工程来核算的。

一般情况，业主在招标文件中都要求投标者在报价的同时附上施工规划，即初步的施工组织设计，它包括工程进度计划和施工方案。

计算和确定承包工程的投标报价是进行工程投标的核心，投标报价是影响投标人投标成败的关键。因此，必须分析投标报价的依据，认真研究招标文件，选择投标报价的计算方法，分析投标费用的组成，最终计算投标报价。

研究招标文件的内容：工程特点、工程量范围和报价要求；投标书附件及合同条件；施工技术、材料和设备要求。

投标报价的计算方式：按照概算编制；按照概算编制；按照工程量清单编制。

国内工程投标费用包括直接工程费、措施费、规费、企业管理费、利润和税金。

国外工程投标费用包括直接费、间接费、暂定金额、上级管理费、风险费与盈余。

投标报价的计算方法有工料单价法和综合单价法两种。

投标书一般由商务标和综合标两部分组成。商务标一般包括投标函及投标函附表、投标保函、法定代表人资格证书、法定代表人委托书、对招标文件的合同协议条款的确定和响应、投标单位及个人的有关资格证明材料、分项工程量价格表或投标预算书等。综合标一般包括项目班子的配备、投标承诺及对招标文件的确认和响应措施、企业近几年的业绩等。制作标书时，一般商务标在前，综合标在后，编制完后按顺序装订成册。

习　　题

一、名词解释

履约保证　暂定金额　投标文件　工料单价法　综合单价法

二、选择题（单选或多选）

1. 投标工作机构通常由以下哪些人员组成：（　　）。

A. 决策人　　　　　B. 技术负责人　　　　　C. 管理人员　　　　　D. 投标报价人

2. 为了能顺利地投标或者在投标中获胜，遇下列情况需要寻找合作伙伴：（　　）。

A. 招标项目要求"统包"

B. 世界银行贷款的项目

C. 实力不强

D. 招标项目所在国有保护本国产品和企业的政策

3. 为了获得投标成功，投标人在投标前必须进行现场调查研究，调查研究的内容包括：（　　）。

A. 招标人的情况　　　　　　　　　　B. 监理工程师的情况

C. 竞争对手的情况　　　　　　　　　D. 生产要素的供应

E. 政治、经济、社会、法律等方面的情况

4. 在投标阶段编制的施工规划的主要内容有：（　　）。

A. 工程进度计划　　　　　　　　　　B. 施工方案

C. 施工现场调研　　　　　　　　　　D. 投标报价

5. 投标报价的计算方式有：（　　）。

A. 按投资估算编制　　　　　　　　　B. 按概算编制

C. 按预算编制　　　　　　　　　　　D. 按工程量清单编制

6. 国内工程项目建筑安装工程费用包括：（　　）

A. 直接工程费　　　　　　　　　　　B. 措施费

C. 规费　　　　　　　　　　　　　　D. 企业管理费

E. 利润和税金

7. 工料单价法计算投标报价有以下哪几种？（　　）

A. 以直接费为基础计算　　　　　　　B. 以人工费和机械费为基础计算

C. 以间接费为基础计算　　　　　　　D. 以人工费为基础计算

8. 投标报价中的间接费有以下哪几种计算形式？（　　）

A. 以管理费为基础计算　　　　　　　B. 以人工费和机械费为基础计算

C. 以人工费为基础计算　　　　　　　D. 以直接费为基础计算

三、填空题

1. 在编制投标文件的过程中，施工规划应在投标报价的计算之_____进行。

2. 投标代理人必须具备的最基本的资格是_____。

3. 投标人填写资格预审申请书时，最关键的、对自己最有利的是_____。

4. 编制投标文件前，投标人必须认真复核和计算工程量，复核和计算工程量常常是按_____逐项进行复核和计算。

5. 工程项目投标报价的主要依据有设计图纸及说明、工程量表、招标文件、有关的法律法规、物价水平、运输条件、施工规范及_____。

6. 在编制投标文件前，投标人必须认真研究招标文件的内容，即研究工程特点、工程量范围、报价要求、施工技术、材料和设备要求，更重要的还应该认真研究_____。

7. 根据我国原建设部 2003 年 6 月颁发的建筑安装工程费用构成的规定，措施费是属于_____费用，规费是属于_____费用。

8. 投标书一般由_____标和_____标两部分组成。

9. 投标人在递送投标文件时提供的投标保函一般是由_____开出。

10. 投标文件应在招标文件规定的截止日期之_____送达，否则即不接受，或算作废标。

四、问答题

1. 工程项目的投标程序和内容有哪些？

2. 投标前对业主进行调查时应该调查哪些内容？

3. 在投标前怎样寻求合作伙伴?

4. 影响投标决策的因素有哪些?

5. 投标策略的主要内容是什么?

6. 投标人怎样准备资格预审文件?

7. 投标前应该做哪些调查研究? 如果去现场勘察,都应该勘察哪些内容?

8. 怎样复核工程量?

9. 怎样编制投标文件中的施工规划? 施工规划包括哪些内容?

10. 投标报价的方法和依据有哪些? 投标报价的费用由哪些部分组成? 国内投标报价与国外投标报价的费用组成有哪些差别?

11. 投标报价的计算程序是什么?

12. 投标报价中直接工程费、措施费、间接费、利润、税金等怎样计算?

13. 投标书包括哪些具体内容? 编制投标书时应注意哪些问题? 投递投标文件时应注意哪些细节?

第4章 开标、评标、定标

【学习目标】了解开标、评标和定标的基本内容和操作程序；熟悉开标、评标、定标各环节的具体要求；掌握开标的组织和要求、评标人员构成、评标方法以及评标活动的组织。

4.1 开标

开标指招标人在招标文件规定的时间、地点，在招标投标管理机构监督下，由招标单位主持当众启封所有投标文件及补充函件，公布投标文件的主要内容和审定的标底（如果有标底的话）的过程。开标一般以开标会议的形式进行。从开标日到签订合同这一期间即为决标成交阶段，这一阶段的主要工作是开标、评标和定标，是对各投标书进行评审比较，最后确定中标人的过程。

4.1.1 开标组织

为体现招标的公平、公正和公开原则，无论是公开招标还是邀请招标都应举行开标会议。《招标投标法》规定，开标应当在招标文件确定的提交投标文件截止时间的同一时间公开进行；开标地点应当为招标文件中预先确定的地点。开标由招标人主持，邀请所有投标人参加。

参加开标会议的人员，除招标人和投标人之外，必须还要有政府招标投标管理机构的工作人员在场监督。同时，还可邀请项目有关的主管部门、当地计划部门、经办银行等代表出席。为了体现招标工作的公正性，不少地方还要求有公证部门和政府纪检部门的工作人员到场，对开标过程进行公证和监督。

我国目前实行的是即时开标制度，即开标的时间应当与招标文件确定的提交投标文件截止时间是同一时间，这也是《招标投标法》规定的。在《招标投标法》生效之前，我国几乎所有的招投标活动中，交投标文件截止时间和开标时间并不是同一个时间。这种做法最大的弊端就是容易在招投标中产生腐败。由于交投标文件截止时间和开标时间之间存在一个时间差，这个时间差就为某些不正当的活动提供了可能，比如，招标人可能会与某些投标人就某些实质性的问题进行谈判；或某些投标人可能会利用这段时间进行行贿以谋取中标等。所以，《招标投标法》规定，开标的时间应当与招标文件确定的提交投标文件截止时间是同一时间，这就要求招标人以强有力和高效的组织工作来保证这一点。在开标的地点上，近年来，为了增加招投标工作的透明度，减少暗箱操作，很多地方都建立了建设工程交易中心（即有形建筑市场），并要求开标、评标、定标等工作都必须在建设工程交易中心进行。

开标之前，还必须完成评标委员会的组建工作。关于评标委员会的组建，在下一节详细讲述。

4.1.2 开标要求

开标会议主要内容有两项：一是检查投标文件的密封情况；二是唱标，即当众公布各投标文件的主要内容。《招标投标法》第三十六条规定，开标时，由投标人或者其推选的代表检查投标文件的密封情况，也可以由招标人委托的公证机构检查并公证；经确认无误后，由工作人员当众拆封，宣读投标人名称、投标价格和投标文件的其他主要内容。招标人在招标文件要求提交投标文件的截止时间前收到的所有投标文件，开标时都应当当众予以拆封、宣读。开标过程应当记录，并存档备查。

具体来说，开标的程序和要求如下：

（1）开标主持人（即招标人）宣布开标会议开始，同时宣布开标、唱标纪律及相关内容。开标是个严肃的法律过程，所以每项工作都必须认真对待。招标人宣布开标会议开始后，接着宣布开标、唱标纪律，一般来说，都会要求参加会议人员要自觉维护会场秩序，不得大声喧哗；参加会议人员应关闭通信工具；唱标按顺序进行，不得变更；各投标人不得串联，一经发现则取消其投标资格等内容。之后，招标人可以介绍招标项目的基本情况。

（2）介绍招标投标的基本情况，包括到会的相关单位、投标单位和人员。介绍投标单位先后顺序，一般来说，要按收到投标文件的时间先后顺序的倒序，这也是开标、唱标的顺序。同时，宣读投标人法定代表人或委托代理人证明书。

（3）宣布开标工作人员。开标工作人员包括唱标人员、监标人员、记录人员等。

（4）宣布评标纪律、评标原则和评标方法。评标原则或评标方法应是招标文件中确定的原则或方法，开标时宣布的评标方法可在原来的基础上进一步细化，但不允许另行规定新的评标方法或原则。

（5）检查各投标文件的密封、盖章情况，并予以签字确认。可以由投标人或者其推选的代表检查投标文件的密封情况，也可以由招标人委托的公证机构检查并公证，确信无误后，相关方签字确认。

（6）确定唱标顺序，然后按顺序开标、唱标。开标、唱标的顺序，一般应当按收到投标文件的时间先后顺序的倒序来确定。我国绝大多数招投标的开标是按此来确定顺序，但也有按开标会当天投标单位签到的顺序来确定开标顺序的，对此，法律上并无任何强制规定。

开标时，工作人员当众打开标书，宣读投标文件的主要内容，包括：投标人名称、投标价格、工期、附加条件、补充声明、优惠条件、替代方案等都应宣读；如果有标底的，也应当同时公布；联合体投标的，还应宣读联合投标协议书。

开标以后，投标人不得更改投标书的内容和报价，也不允许再增加任何优惠条件。整个开标过程应当记录，并存档备查。

（7）如果各投标人对投标报价内容无异议，则签字确认。

至此，开标会议结束。

如果采用邀请招标的，在开标后还要对投标人进行资格后审。

开标的基本要求和程序主要就是以上提到的几个方面内容，只是在程序上各个地方可能会稍有不同。

【例 4-1】 某项目招标工作中，开标的程序和内容如下。

一、宣布开标、唱标会议开始（由招标人主持）

各位来宾、各位投标人，大家好，××市××有限公司××项目进行公开招标，开标、唱标会议现在开始。

二、介绍本次项目相关单位

招标单位：××市××有限公司

投标的单位名称：（按签到顺序宣布）

1. 甲单位

2. 乙单位

3. 丙单位

4. 丁单位

……

三、宣布今天开标的工作人员

1. 唱标人：

2. 监标人：

3. 记录人：

4. 联系人：联系电话：

四、监标人检查此项目投标单位所有的投标文件是否按招标文件要求进行密封、盖章

五、宣布本次招标项目的有关评标事项

1. 本次招标项目评标委员会由同行业四位专家及业主代表共 N 人组成。

2. 评标原则：评标委员会将按照公开、公平、公正的原则，平等对待所有投标人。

3. 评标办法：

（1）对投标文件进行完整性检验和投标人资格符合性审查。

（2）对投标人商务条件响应性进行评审。

（3）对投标人技术方案响应性进行评审。

（4）对投标人报价进行评分。

（5）根据招标文件公布商务、技术、价格权重，算出各投标人综合评估分。

（6）得出综合得分。

（7）综合得分最高者为候选中标人，次高者为备选中标人。

4. 废标情况

（1）投标书未密封。

（2）无单位法定代表人及法定代表人委托的代理人的印鉴或签字。

（3）未按规定格式填写，内容不全或字迹模糊，辨认不清。

（4）投标书逾期送达。

（5）投标书未对招标文件作出完全的响应导致投标无效。

（6）投标报价超过最高限价。

（7）投标文件未按招标文件的要求编制的。

（8）投标方未按时提交投标保证金的。

（9）投标方未按招标文件要求提交开标一览表的。

（10）不具备招标文件中规定资格要求的。

（11）不符合法律、法规和招标文件中规定的其他实质性要求的。

（12）投标人的投标总报价在两项或两项以上的。

六、唱标（按签到序列进行）

1. 甲单位

2. 乙单位

3. 丙单位

4. 丁单位

······

七、各投标人对投标报价无异议后，请投标人在"开标、唱标确认表"上签字确认。

八、宣布××市××有限公司××项目开标、唱标会结束。

【例4-2】 某地的开标、评标程序如下。

开标、评标程序

出席对象：招标人，投标人，招标办，纪检，公证部门。

开标评标总计时间：约100min。

一、开标（约20min）

1. 招标人情况介绍：工程概况，投标单位及资格审查情况，现场有关监督部门等。（2min）

2. 招标人核对投标人身份，开启标书、唱标、记录，复制电子标书并刻成光盘。（15min）

3. 投标人提供相关材料原件，退场，在休息厅等候评委质询。

二、采用经评审的最低投标价法评标（约80min）

1. 符合性评审：评委评审二号标书（资信材料），填写评审表格，招标人汇总评审意见。（10min）

2. 技术性评审：评委评审三号标书（施工方案），标书内容用投影仪播放，每份标书播放时间10~15min。评委填写评审表，招标单位汇总评审表。（40min）

3. 商务性评审：对通过符合性和技术性评审的投标人，评审其一号标书，按报价由低到高的顺序，对报价是否低于成本进行全面分析和认定，并对项目经理进行质询。（20min）

4. 评委推荐中标候选人，招标人定标，评委签字，招标人发放评审费。结束。

三、采用综合评估法评标（约80min）

1. 招标人核定投标人业绩材料，确定加分分值。

符合性评审：评委评审二号标书（资信材料）、工期、质量、信誉等，填写评审表格，招标人汇总评审意见。（10min）

2. 技术性评审：评委评审三号标书（施工方案），标书内容用投影仪播放，每份标书播放时间10~15min。评委填写评审表，招标单位汇总评审表。（40min）

3. 商务性评审：对通过符合性和技术性评审的投标人，评审其一号标书，按报价由低到高的顺序，对报价是否低于成本进行全面分析和认定，并对项目经理进行质询。（20min）

4. 评委推荐中标候选人，招标人定标、宣布中标人，评委签字，招标人发放评审费。结束。

4.2 评标

开标之后，就要进入秘密的评标阶段了。评标是对各投标书优劣的比较，以便最终确定中标人。评标工作由评标委员会负责。

4.2.1 评标人员构成

评标人员即为评标委员会成员。评标委员会由招标人负责组建，负责评标活动，向招标人推荐中标候选人或者根据招标人的授权直接确定中标人。建设部于 2000 年 6 月 30 日发布的《评标委员会和评标方法暂行规定》对评标委员会的组建有详细规定。

评标委员会成员名单一般应于开标前确定。评标委员会成员名单在中标结果确定前应当保密。

评标委员会由招标人或其委托的招标代理机构熟悉相关业务的代表，以及有关技术、经济等方面的专家组成，成员人数为 5 人以上的单数，其中技术、经济等方面的专家不得少于成员总数的 2/3。如果评标委员会设负责人的，评标委员会负责人由评标委员会成员推举产生或者由招标人确定。评标委员会负责人与评标委员会的其他成员有同等的表决权。

评标委员会的专家成员应当从省级以上人民政府有关部门提供的专家名册或者招标代理机构的专家库内的相关专家名单中确定。

对于评标委员会中评标专家如何组成，可以采取随机抽取或者直接确定的方式。一般项目，可以采取随机抽取的方式；技术特别复杂、专业性要求特别高或者国家有特殊要求的招标项目，采取随机抽取方式确定的专家难以胜任的，可以由招标人直接确定。

评标专家应符合下列条件：

(1) 从事相关专业领域工作满 8 年并具有高级职称或者同等专业水平。

(2) 熟悉有关招标投标的法律法规，并具有与招标项目相关的实践经验。

(3) 能够认真、公正、诚实、廉洁地履行职责。

有下列情形之一的，不得担任评标委员会成员：

(1) 投标人或者投标人主要负责人的近亲属。

(2) 项目主管部门或者行政监督部门的人员。

(3) 与投标人有经济利益关系，可能影响对投标公正评审的。

(4) 曾因在招标、评标以及其他与招标投标有关活动中从事违法行为而受过行政处罚或刑事处罚的。

对于评标专家的资格认定、入库及评标专家库的组建、使用、管理等活动，国家发展计划委员会于 2003 年 2 月 22 日公布的《评标专家和评标专家库管理暂行办法》作出了详细规定。

评标专家库由省级（含，下同）以上人民政府有关部门或者依法成立的招标代理机构依照《招标投标法》的规定自主组建。省级以上人民政府有关部门和招标代理机构应当加强对其所建评标专家库及评标专家的管理，但不得以任何名义非法控制、干预或者影响评标专家的具体评标活动。

省级以上人民政府有关部门组建评标专家库，应当有利于打破地区封锁，实现评标专家资源共享。省级人民政府可组建跨部门、跨地区的综合性评标专家库。

入选评标专家库的专家，必须具备如下条件：

（1）从事相关专业领域工作满 8 年并具有高级职称或同等专业水平。

（2）熟悉有关招标投标的法律法规。

（3）能够认真、公正、诚实、廉洁地履行职责。

（4）身体健康，能够承担评标工作。

评标专家库应当具备下列条件：

（1）入选评标专家库的评标专家总数不得少于 500 人。

（2）有满足评标需要的专业分类。

（3）有满足异地抽取、随机抽取评标专家需要的必要设施和条件。

（4）有负责日常维护管理的专门机构和人员。

专家入选评标专家库，采取个人申请和单位推荐两种方式。采取单位推荐方式的，应事先征得被推荐人同意。个人申请书或单位推荐书应当存档备查。个人申请书或单位推荐书应当附有符合规定条件的证明材料。

组建评标专家库的政府部门或者招标代理机构，应当对申请人或被推荐人进行评审，决定是否接受申请或者推荐，并向符合规定条件的申请人或被推荐人颁发评标专家证书。

组建评标专家库的政府部门或者招标代理机构，应当建立年度考核制度，对每位入选专家进行考核。评标专家因身体健康、业务能力及信誉等原因不能胜任评标工作的，停止担任评标专家，并从评标专家库中除名。

《评标专家和评标专家库管理暂行办法》对评标专家的权利和义务作如下规定。

评标专家享有下列权利：

（1）接受招标人或其招标代理机构聘请，担任评标委员会成员。

（2）依法对投标文件进行独立评审，提出评审意见，不受任何单位或者个人的干预。

（3）接受参加评标活动的劳务报酬。

（4）法律、行政法规规定的其他权利。

评标专家承担下列义务：

（1）有《招标投标法》和《评标委员会和评标方法暂行规定》规定情形之一的，应当主动提出回避。

（2）遵守评标工作纪律，不得私下接触投标人，不得收受他人的财物或者其他好处，不得透露对投标文件的评审和比较、中标候选人的推荐情况以及与评标有关的其他情况。

（3）客观公正地进行评标。

（4）协助、配合有关行政监督部门的监督、检查。

（5）法律、行政法规规定的其他义务。

评标委员会成员应当客观、公正地履行职责，遵守职业道德，对所提出的评审意见承担个人责任。

4.2.2 评标方法确定

评标方法是评定投标书优劣的基本准则。评标可按两段三审进行，两段指初审和终审（即详细评审），三审指符合性评审、技术性评审和商务性评审。

1. 初审

初审是指对投标文件的符合性进行评审，包括商务符合性和技术符合性鉴定。初评是为了从众多的投标书中，筛选出符合最低要求标准的标书，淘汰那些基本不合格的标书，以免在后面的详细评审中浪费时间和精力。技术性评估，包括方案可行性评估和关键工序评估；劳务、材料、机械设备、质量控制措施评估以及对施工现场周围环境污染的保护措施的评估；商务性评估，包括投标报价校核，审查全部报价数据计算的正确性，分析报价构成的合理性，并与标底价格进行对比分析。投标文件应实质上响应招标文件的所有条款、条件，无显著的差异或保留。评标委员会应当审查每一投标文件是否对招标文件提出的所有实质性要求和条件作出响应。未能在实质上响应的投标，应作废标处理。评标委员会应当根据招标文件，审查并逐项列出投标文件的全部投标偏差。投标偏差分为重大偏差和细微偏差。细微偏差是指投标文件在实质上响应招标文件要求，但在个别地方存在漏项或者提供了不完整的技术信息和数据等情况，并且补正这些遗漏或者不完整不会对其他投标人造成不公平的结果。细微偏差不影响投标文件的有效性。评标委员会应当书面要求存在细微偏差的投标人在评标结束前予以补正，拒不补正的，在详细评审时可以对细微偏差作不利于该投标人的量化，量化标准应当在招标文件中规定。

下列情况属于重大偏差：

(1) 没有按照招标文件要求提供投标担保或者所提供的投标担保有瑕疵。

(2) 投标文件没有投标人授权代表签字和加盖公章。

(3) 投标文件载明的招标项目完成期限超过招标文件规定的期限。

(4) 明显不符合技术规格、技术标准的要求。

(5) 投标文件载明的货物包装方式、检验标准和方法等不符合招标文件的要求。

(6) 投标文件附有招标人不能接受的条件。

(7) 不符合招标文件中规定的其他实质性要求。

投标文件有上述情形之一的，为未能对招标文件作出实质性响应，作废标处理。招标文件对重大偏差另有规定的，从其规定。

评标委员会应当按照投标报价的高低或者招标文件规定的其他方法对投标文件排序。以多种货币报价的，应当按照中国银行在开标日公布的汇率中间价换算成人民币。招标文件应当对汇率标准和汇率风险作出规定。未作规定的，汇率风险由投标人承担。

在评标过程中，评标委员会发现投标人的报价明显低于其他投标报价或者在设有标底时明显低于标底，使得其投标报价可能低于其个别成本的，应当要求该投标人作出书面说明并提供相关证明材料。投标人不能合理说明或者不能提供相关证明材料的，由评标委员会认定该投标人以低于成本报价竞标，其投标应作废标处理。

评标委员会可以书面方式要求投标人对投标文件中含义不明确、对同类问题表述不一致或者有明显文字和计算错误的内容作必要的澄清、说明或者补正。澄清、说明或者补正应以书面方式进行并不得超出投标文件的范围或者改变投标文件的实质性内容。

投标文件中的大写金额和小写金额不一致的，以大写金额为准；总价金额与单价金额不一致的，以单价金额为准，但单价金额小数点有明显错误的除外；对不同文字文本投标文件的解释发生异议的，以中文文本为准。

投标人少于 3 个或者所有投标被否决的，招标人应当依法重新招标。

2. 详细评审

通过初评的投标文件接下来就进入了详细评审阶段，详细评审包括技术评审和商务评审。

（1）技术评审。对投标文件进行技术评审的目的主要是为了确认备选的中标人完成本工程的技术能力和施工方案的可靠性。技术评审的重点是评定投标人将怎样实施本招标工程。因此评审主要是围绕投标书中有关的施工方案、计划、各项技术保障措施和技术建议进行。具体内容如下：

1）施工总体布置。着重评审布置的合理性，如作业面的开设、砂石料生产系统、场内交通、堆渣场地及废料渣的堆置与处理等。

2）施工进度计划是否能满足业主对工程竣工时间的要求，这一进度计划是否科学和严谨，是否切实可行。评价时以所配备的施工设备、生产能力、材料供应、劳务人员、自然条件、工程量大小等诸方面因素为根据，并从施工平均高峰月强度及出现日期，分析作业循环或施工强度是否能实现，从而评价其总进度是否建立在可靠基础上。特别是对关键线路，应从承包商进场准备工作开始，直至全部完工为止，各个阶段、各个环节逐一审查。

3）施工方法及技术措施。主要评审各单项工程所采取的方法、程序与措施。包括所配备的施工设备性能是否合适、数量是否充分、安全措施是否可靠等。

4）承包商提供的材料、设备能否满足招标文件和设计的要求。

5）投标文件对招标工程在技术上有何保留或建议。

（2）商务评审。商务评审的目的是从成本、财务和经济分析等方面评定投标报价的合理性和可靠性，估量授标给各投标人后的不同经济效果。商务评审在整个评标中占有极其重要地位。商务评审的主要内容如下：

1）对投标书的响应性检查。例如，投标人是否愿意承担招标文件规定的全部义务，投标书的合同条件与技术规范是否与招标文件一致，有无附加条件等。

2）审查全部报价数据计算的正确性，并与标底（如果有）进行适当对比，发现有较大差异的地方分析其原因。评定报价是否合理，以及潜在的风险问题。

3）分析报价构成的合理性。

4）分析机械台班、工人计日工资，以及另增材料单价的合理性。

5）分析投标文件中所附的资金流量表的合理性，及其所列数据的依据。进一步复审投标人的财务实力和资信可靠程度。如果招标文件规定是可调价合同，还应分析投标人的调价公式、调价的可能幅度限制，以及调价公式中采用的基价、指数的合理性。

6）分析投标人提出的财务或付款方面的建议和优惠条件。如施工设备赠给、技术协作、专利转让等，并估计其利弊，特别是接受财务方面建议的可能风险。

在详细评审阶段进行评标的方法很多，主要包括经评审的最低投标价法、综合评估法或者法律、行政法规允许的其他评标方法。

（1）经评审的最低投标价法（评标价法）。经评审的投标价，国际上称为"评标价"。故经评审的最低投标价法，也称评标价法，即评标委员会根据投标人对工程质量、工期、安全文明施工的承诺以及施工组织设计、工程总报价等内容进行综合评议，达不到招标工程要求的，作为无效标处理，直接废除，不进入报价评标。然后对基本合格的投标书按照预定的方法将某些评审要素按一定的规则折算为评审价格，再加到该投标书的报价上形成"评标价"。

以"评标价"最低的投标书为最优。"评标价"仅仅是作为衡量投标人能力高低的量化比较的一个尺度，与中标人签订合同时还是以其投标价格为准。经评审的投标价格是用投标人的投标报价经以下各项条件计算后的价格：

1）纠正算术错误。

2）扣除备用金。

3）招标人可接受的并可用货币表示的非重大的偏离和保留。

4）核定（考虑上述变化）投标人提交的项目实施期间现金流量（相当于资金使用计划），并按现行的贴现率折成现值，然后加到投标报价之中。

我国招标投标实践中，一般来说，可以折算为价格的评审要素一般有以下5条：①投标书承诺的工期提前给项目可能带来的超前收益，以月为单位按预定计算规则折算为相应的货币值，从该投标人的报价内扣减此值；②实施过程中必然发生而标书又属于明显漏项部分，给予相应的补项，增加到报价之上；③技术建议可能带来实际经济效益，按预定的比例折算后，在投标价内减去此值；④投标书内提出的优惠条件可能给招标人带来的好处，以开标日为准，按一定的方法折算后，作为评审价格因素之一；⑤对其他可以折算为价格的要素，按照对招标人有利或者不利的原则，增加或减少到投标报价上去。

如果评标委员会认为投标人的投标报价有可能低于其个别成本的，应当要求该投标人作出书面说明并提供相关证明材料。投标人不能合理说明或者不能提供相关证明材料的，由评标委员会认定该投标人以低于其成本报价竞标，则该投标作废标处理。

评标委员会以评标价最低者为第一中标候选人，以评标价次低者为第二中标候选人，以评标价第三低者为第三中标候选人向招标人推荐。

经评审的最低投标价法一般适用于具有通用技术、性能标准，或者招标人对其技术、性能没有特殊要求的招标项目。

采用经评审的最低投标价法的，评标委员会应当根据招标文件中规定的评标价格调整方法，以所有投标人的投标报价以及投标文件的商务部分作必要的价格调整。中标人的投标应当符合招标文件规定的技术要求和标准，但评标委员会无需对投标文件的技术部分进行价格折算。完成详细评审后，评标委员会应当拟定一份"标价比较表"，连同书面评标报告提交招标人。"标价比较表"应当载明投标人的投标报价、对商务偏差的价格调整和说明，以及经评审的最终投标价。

（2）综合评估法。综合评估法也叫综合评分法，这种方法是首先确定对标书的评审内容，将评审内容分类以后分别赋予不同的权重，评标委员会依据事先定好的评分标准对各类内容细分的小项进行相应地打分，最后计算各标书的累计分值，该分值反映投标人的综合水平。以得分最高的投标书为最优。综合评分法的评审内容、细分的小项、各分项内容的权重随着不同的地方、工程类别、工程技术的复杂程度而各有不同。

【例4-3】《湖北房屋建筑和市政基础设施工程施工招标评标办法推荐》中，用"百分法"打分时有关的规定如下。

一类及二类工程：技术标、商务标、综合标权重宜按下列比例选用：

30％、50％、20％；

20％、50％、30％；

30％、40％、30％。

三类及四类工程：技术标、商务标、综合标权重宜接下列比例选用：

20%、60%、20%；

20%、50%、30%。

权重的划分可根据招标工程的具体情况作适当的调整。但技术标的权重不宜高于40%，商务标的权重不宜低于40%，综合标权重不宜高于30%。

1. 技术标100分划分的细项分值

(1) 施工组织设计应包括以下几项基本内容：

1) 主要施工方法（18分）。

2) 拟投入的主要物资计划（6分）。

3) 拟投入的主要施工机械计划（6分）。

4) 劳动力安排计划（6分）。

5) 确保工程质量的技术组织措施（6分）。

6) 确保安全生产的技术组织措施（6分）。

7) 确保工期的技术组织措施（6分）。

8) 确保文明施工的技术组织措施（6分）。

9) 施工总进度表或施工网络图（12分）。

10) 施工总平面布置图（14分）。

如施工组织设计基本内容缺项，该项可打零分。

(2) 施工组织设计的针对性、完整性14分。

2. 综合标100分划分的细项分值

(1) 项目班子配备（38分），具体包括：

1) 项目经理（8分），包括：

①项目经理资质等级满足招标文件要求，并按规定明确只承担一个工程或注明有特殊情况只同时（就近）承担两个工程的（5分）。

②项目经理简历表（3分）。

2) 项目经理类似工程经验（14分），包括：

①项目经理类似工程经历（5分）。

②项目经理类似工程履约情况（如工期、质量、造价）（9分）。

3) 项目工程师（现场项目技术负责人）资历（4分）。

4) 项目管理班子人员构成（12分），包括：

①人员齐备专业配套，具备相关岗位证书（8分）。

②主要技术、经济、管理人员素质高、业绩优（4分）。

(2) 投标工期（12分），具体包括：

1) 投标工期比招标文件要求的工期缩短，按每缩短5%加2分的办法累计加分，最多不超过6分（招标文件中提出的建设工期应参考国家现行工期定额）。

2) 对工期有承诺，有违约经济处罚措施，且合理可行（6分）。

(3) 工程质量目标（12分），具体包括：

1) 对招标工程质量目标有承诺，有违约经济处罚措施，且合理可行（8分）。

2) 对工程保修有承诺，有违约经济处罚措施，且合理可行（4分）。

（4）投标人近两年业绩、信誉（38 分）

综合评分法需要评定比较的内容比较多，特别是对于大型技术复杂的工程来说，则最好是设置多级评分目标，这样有利于评委控制打分，从而减少随意性。评分的指标体系及权重应当根据招标工程的实际情况来定。对于标书报价部分的衡量，可分为用标底衡量、设置复合标底衡量和无标底比较三大类。

1）用标底衡量报价得分的综合评分法。标底是业主的投资预期，我国大多数的招标活动中，业主都会编制标底，作为评标的一个重要参考。因此，用标底作为衡量投标报价的综合评分法得到了广泛的应用，但在具体的操作中，各地也有不同。其方法为：以事先编制好的标底为基础，评标委员会首先确定一个允许报价浮动范围（例如＋5％，视工程项目具体情况而定）来确定入围的有效投标，然后按照评标规则计算各项得分，最后以累计得分来比较投标书的优劣。

【例 4-4】 某工程施工采用综合单价合同的邀请招标，评标主要考察 4 个方面，每一方面再以百分制计分。

1. 投标单位的业绩、信誉，权重 0.15。内容包括：企业资质等级（30 分）；企业信誉、银行信誉（20 分）；同容量主体工程的施工经历（20 分）；近 5 年质量回访记录（15 分）；近 3 年重大质量、安全事故（15 分）。

2. 施工管理能力，权重 0.1。内容包括：主要施工机具及劳动力安排计划（50 分）；安全措施（30 分）；同期工程量（20 分）。

3. 施工组织设计，权重 0.15。内容包括：施工方案（30 分）；现场组织机构（30 分）；网络进度计划（20 分）；质量保证体系（20 分）。

4. 投标报价，权重 0.6。内容包括：投标报价（60 分）；单价表中人工、材料、棚械费组成的合理性（30 分）；三材用量的合理性（10 分）。其中报价项的得分标准以（报价－标底）/标底来衡量，当偏差范围为－（3～5）％时得 40 分；－（2～1）％时得 60 分；＋（2～1）％时得 50 分；＋（5～3）％时得 30 分。

特别需要注意的是，如果某投标书的总分不低，但其中某项得分低于该项及格分时，也应充分考虑授标给此投标人实施过程中可能存在的风险。

2）用复合标底来衡量报价得分的综合评分法。以标底作为报价评定标准时，有可能因编制的标底没有反映出较为先进的施工技术水平和管理水平，导致对报价的衡量不科学。为了弥补这一缺陷，可以采用标底的修正值作为衡量标准。实践中可采用的具体步骤为：

①计算各投标书报价的算术平均值。

②将标书平均值与标底再作算术平均。

③以第 2 步算出的值为中心，按预先确定的允许浮动范围（如＋8％）确定入围的有效投标书。

④计算入围有效标书的报价算术平均值。

⑤将标底和第 4 步计算的值进行平均，作为确定报价得分的衡量标准。此步计算可以是简单的算术平均，也可以用加权平均（如标底的权重为 0.4，报价的平均值权重为 0.6）。

⑥依据评标规则确定的计算方法，按报价与标准的偏离度计算各投标书的该项得分。

3）无标底的综合评分法。传统有标底招投标方式为我国工程建设领域顺应社会主义市场经济原则和现代企业制度起到了积极作用，但随着我国市场经济改革的深化和加入世贸组织与国际接轨的需要，其弊端日益凸现。前面介绍的两种方法在商务评标过程中对报价部分的评审都以预先设定的标底作为衡量条件，但是如果标底编制得不够合理，有可能对某些投标书的报价评分不公平。为了鼓励投标人的报价竞争，可以不预先制定标底，用反映投标人报价平均水平的某一值作为衡量基准评定各投标书的报价部分得分。目前，该法在我国上海、深圳、杭州、沈阳等地已大量应用。

（3）其他评标方法。

1）最低价中标法。这种方法在操作上比较简单，就是在所有通过资格审查的投标者中，谁的报价最低谁中标。最低价中标法是国际上通用的建筑工程招投标方法，我国政府一直限制这种方法的作用。随着我国市场经济的发展，最低价中标法在我国不少地方得到了运用，例如在上海、厦门等地，取得了良好的经济效果。最低价中标法与我国现行的各种招标方法比较有以下主要的优点：一是节省投资效果十分显著，部分原因来自激烈的竞争引起的降价，另一原因来自政府定额标准与现实市场价格和企业内部定额的价值严重背离；二是反腐倡廉效果好，没有暗箱操作，是一种真正的招标方法；三是操作简便，商务标书中谁报价低谁中标，简单的招标过程节约了交易成本；四是加大对施工企业管理的促进作用，企业要生存和发展只能靠加强管理、降低成本、提高工程质量和提高企业信誉。

这些优点对解决工程招标中存在的内外合谋违纪有特殊的效果和潜在的使用价值。

最低中标法也有它的局限性，主要为：一是对投标者资料审查严格，确保投标者都有能力完成工程；二是招标前期工作质量要求高，无论勘察还是设计都要提高尝试和精度，特别是招标文件的编写要十分细致周到，工程规模越大技术越复杂招标书要求就越精确细致；三是投标人要有独立的私人估价信息，可以按照自己的内部工程造价标准进行报价；四是要求招标保证措施齐全，最主要的是要有工程担保措施。

最低价中标法的应用，是以完善的市场机制为前提条件，我国在这方面尚有不少欠缺，所以，这种方法在目前我国的运用受到一定的限制。

2）专家评议法。专家评议法属于一种对投标书的定性评价方法。专家评议法不量化评价指标，通过对投标单位的能力、业绩、财务状况、信誉、投标价格、工期质量、施工方案（或施工组织设计）等内容进行定性的分析、比较、评议后，选择各指标都较优良者为中标单位，以协商或投票的方式确定候选中标人。这种方法适用于标的额比较小的中小型工程的评标。这种方法评标过程简单，评标工作量小，可以在比较短的时间内完成，但是显然科学性较差。

3）技术优先法。对于某些施工技术有特殊要求的工程项目，首先应根据技术条件确定施工单位的优先次序，然后根据价格商谈情况确定中标单位。

4.2.3 评标活动组织

开标后即进入评标程序，评标由招标人负责组织。在开标之前，招标人应负责组建好评标委员会和评标工作组。一般来说，评标工作组的职责如下：

（1）根据招标文件，制定评标工作所需的各种表格。

（2）根据招标文件，汇总评标标准、投标文件的合格性条件以及影响工程质量、工期和投资的全部因素。

(3) 对投标文件响应招标文件的情况进行摘录，列出相对于招标文件的所有偏差。

(4) 对所有投标报价进行算术性校核。

(5) 评标委员会认为需要协助的其他事项。

评标活动应在当地招标投标管理机构或公证部门的监督下进行，评标委员会按事先确定的评标方法和原则对所有的投标书进行评审。评标委员会成员评标时应遵守有关的评标纪律，客观公正、实事求是地对投标书进行评审。在评标的过程中，评标委员会可以分别约见某些投标人，要求澄清一些评审过程中发现的问题。澄清问题纯粹只是评审过程中的技术性安排，绝对不允许修改投标报价或进行实质性谈判。例如，可以要求投标人补充报送某些报价计算的细节资料，也可以要求投标人对其技术方案建议提供进一步的详细说明等。评标人员约见投标人澄清问题时，不得透露任何评审情况，澄清内容也要整理成文字资料，经投标人签字确认后作为投标书的组成部分。评标委员会应当认真审核评标信息和资料，全面评审投标文件，评标委员会根据评审结果，有权否决不合格投标或界定废标，也有权建议招标人是否重新招标。

评标委员会完成评标工作后，应根据评审结果向招标人推荐中标候选人 1～3 人，并标明排列顺序；或按照招标人的授权，直接确定中标人。最后，评标委员会应完成书面评标报告并提交招标人，并抄送有关行政监督部门。

评标报告是评标委员会完成评标工作以后交给招标人的一份重要文件。在评标报告中，评标委员会不仅要推荐中标候选人，而且要说明这种推荐的具体理由。评标报告作为招标人定标的重要依据，一般要包括以下内容：

(1) 基本情况和数据表。

(2) 评标委员会成员名单。

(3) 开标记录。

(4) 符合要求的投标一览表。

(5) 废标情况说明。

(6) 评标标准、评标方法或者评标因素一览表。

(7) 经评审的价格或者评分比较一览表。

(8) 经评审的投标人排序。

(9) 推荐的中标候选人名单与签订合同前要处理的事宜。

(10) 澄清、说明、补正事项纪要。

【例 4 - 5】 某工程施工招标评标报告格式如下。

中华人民共和国_____省（自治区、直辖市）

_____至_____工程项目（标段）

施工招标评标报告

建设单位：_____

（招标代理单位：_____）

年　　月　　日

1. 项目简介（略）

2. 招标过程简介

本次施工招标于____年____月____日在中国国际招标网及____年____月____日在_____刊物上登载招标公告，于____月____日开始发售招标文件。共有____家公司购买了招标文件，其中中国公司____家（其中港澳台地区____家），国外公司____家，详见招标文件购买记录。

投标截止日期为____月____日____时。____月____日____时在____开标，有____家中国公司（其中港澳台地区____家）和____家国外公司投标。开标一览表详见表4-1。

3. 评标过程

按评标程序，详细叙述并填写表4-2～表4-6。

（1）符合性检查。

（2）商务评议。

（3）技术评议。

（4）价格评议。

（5）资格后审。

4. 评标结果

经评议，_____的投标文件在商务上和技术上均满足招标文件要求，评标价格最低，且通过资格审核，评标委员会建议由_____中标，中标金额为_____万美元。

以上意见报请备案。

招标人（盖章）_____ 标机构（盖章）_____
        年   月   日   年   月   日

表4-1 开标情况一览表

招标工程基本情况	工程名称		建设规模（m²/m）	
	结构类型		层/栋	
	招标单位			
	招标范围			
	招标方式		投标担保金额/万元	
	评标方法	□1—A 经评审的最低投标价法（不限定幅度） □1—B 经评审的最低投标价法（限定幅度）：基准价下浮_____% □2—A 综合评估法（按评审得分计）：A1：____ A2：____ A3：____ □2—B 综合评估法（按评审排序计）：A1：____ A2：____ A3：____		
	投标文件份数	商务标：正本____份，副本____份；技术标：正本____份，副本____份		
	质量要求		工期要求	天
	标底及有关说明	标底：_____元 说明：		
	最高投标限价	标底下浮_____%，计_____元		

	序号	投标人名称	是否通过符合性审查	工期/天	质量	投标报价/万元	标底下浮（%）	报价排序（最低为1）
开标情况	1							
	2							
	3							
	4							
	5							
	6							
	7							
	8							

招标单位经办人签字：＿＿＿＿＿＿＿

表 4 - 2   评标委员会成员签到表

序号	姓名	经济/技术专家	单位	职务	联系电话	签到时间	备注
1							
2							
3							
4							
5							

表 4 - 3   综 合 评 估 比 较 表

各项指标权重	技术标 A1 商务标 A2 信誉标 A3							
序号	投标人名称	投标价/万元	对技术标/商务标偏差的调整及说明	经评审的最终投标价/万元	技术标排序（J）	商务标排序（S）	信誉标排序（X）	评标总分（J＊A1＋S＊A2＋X＊A3）	评标结果
1									
2									
3									
4									
5									

表 4 - 4 　　　　　　　　　　　　　评 标 结 果 及 建 议

评标结果		投标人名称	投标报价 /万元	标底下浮（%）
	第一中标候选人			
	第二中标候选人			
评标过程的描述及有关建议、签订合同前要处理的事宜				
评标委员会成员签名	技术专家：		经济专家：	
	抽签专家：		抽签专家：	
	招标人或代理机构代表：		招标人或代理机构代表：	
对评标结果有异议成员意见	意见及理由：　　　　　　　　　　　　　　　　　　　　　　　　　　签名：			

表 4 - 5 　　　　　　　　　　　　不合格投标及废标情况说明表

不合格投标或废标的投标人名称	
不合格投标或废标原因	
投标人答辩记录	
评标委员会意见	
需要说明的其他情况	

表 4 - 6 　　　　　　　　　　　投标人澄清、说明、补正情况记录表

投标人		投标人代表	
投标人澄清、说明、补正情况			
评标委员会意见			
对招标人有关建议			

　　评标委员会向招标人提交评标报告后，整个评标活动结束。评标委员会即告解散，评标过程中使用的文件、表格以及其他相关资料应当及时归还给招标人。

4.2.4　评标中的不规范行为

评标过程中不规范行为主要有以下 3 种：

（1）不以招标文件中载明的评标方法和原则进行评标。招标人应当在招标文件中载明评标的方法和原则，而且该评标的方法和原则在开标时也应当公开宣布，以示招标的公平性和公正性。但是，由于某种原因，比如，为排除某些特定的投标人，招标人有可能要求在评标过程中采取新的评标方法或标准，或者公开违反原来的评标方法进行评标。

（2）不以同一标准进行评标。评标委员会成员应当遵守职业道德，客观、公正地对待每一份投标书。但是由于某些原因，例如，评标委员会成员和投标人有某些利害关系，或者收受了投标人的好处，或者是为了排挤非本地、本系统的投标人，所以在评标过程中故意抬高或者压低某些特定投标人的得分，或者在评审过程中故意透露评审情况，进行一些暗箱操作，进而达到操纵中标结果的目的。

（3）评标过程中和投标人就标书内容进行实质性谈判。

上述三种评标过程中的不规范行为几乎囊括所有评标过程中的不规范形式，但在实践中这些不规范行为的表现形式是多种多样的。这些行为严重违反了招投标的公平、公正、公开原则，违反了《招标投标法》和其他相关法律法规的规定。《评标委员会和评标方法暂行规定》中规定，评标委员会成员在评标过程中擅离职守，影响评标程序正常进行，或者在评标过程中不能客观公正地履行职责的，给予警告；情节严重的，取消担任评标委员会成员的资格，不得再参加任何依法必须进行招标项目的评标，并处一万元以下的罚款。评标委员会成员收受投标人、其他利害关系人的财物或者其他好处的，评标委员会成员或者与评标活动有关的工作人员向他人透露对投标文件的评审和比较、中标候选人的推荐以及与评标有关的其他情况的，给予警告，没收收受的财物，可以并处三千元以上五万元以下的罚款；对有所列违法行为的评标委员会成员取消担任评标委员会成员的资格，不得再参加任何依法必须进行招标项目的评标；构成犯罪的，依法追究刑事责任。

4.3　定标

定标是指经过评标，做出决定，最后选定中标人的行为。定标由招标人最后裁决。如果业主为私营企业，一般由董事会根据评标报告进行讨论决定；如果是国际银行组织或财团贷款的项目，除借款国有关机构做出决定外，还要征询贷款的国际金融机构的意见。在招标人做出决定以后，招标人应当向中标人发出中标通知书；同时，也要书面通知未中标的投标人，并退还投标保证金。

4.3.1　定标依据

定标最主要、最直接的依据就是评标委员会向招标人提交的评标报告。在评标报告中，一般来说，评标委员会会向招标人推荐 1～3 名标明了排列顺序的中标候选人供招标人参考定标。《招标投标法》规定，招标人必须根据评标委员会提交的书面评标报告和推荐的中标候选人来确定中标人。

评标委员会提出书面评标报告后，招标人一般应当在 15 日内确定中标人，最迟应当在投标有效期结束日后 30 个工作日前确定。《招标投标法》规定，中标人的投标应当符合下列条件：

（1）能够最大限度地满足招标文件中规定的各项综合评价标准。

（2）能够满足招标文件的实质性要求，并且经评审的投标价格最低；但是投标价格低于成本的除外。

对于评标委员会推荐的不超过 3 个标明了排列顺序的中标候选人，可以这样认为，被推荐的中标候选人都具备中标资格，招标人可以根据工程项目的具体特点和要求，确定其中的一个为中标人。从原则上来说，招标人应当确定排名第一的中标候选人为中标人。排名第一的中标候选人放弃中标、因不可抗力提出不能履行合同，或者招标文件规定应当提交履约保证金而在规定的期限内未能提交的，招标人可以确定排名第二的中标候选人为中标人。排名第二的中标候选人因前款规定的同样原因不能签订合同的，招标人可以确定排名第三的中标候选人为中标人。

《评标委员会和评标方法暂行规定》第四十八条规定，使用国有资金投资或者国家融资的项目，招标人则必须确定排名第一的中标候选人为中标人。

招标人也可以授权评标委员会直接确定中标人。

招标人在评标委员会依法推荐的中标候选人以外确定中标人的，依法必须进行招标的项目在所有投标被评标委员会否决后自行确定中标人的，中标无效。有关行政监督部门责令改正，可以处中标项目金额千分之五以上、千分之十以下的罚款；对单位直接负责的主管人员和其他直接责任人员依法给予处分。

4.3.2 中标与合同签订

招标人确定中标人之后，在发出中标通知书之前，招标人应当将中标结果向建设行政主管部门提出书面报告，建设行政主管部门自收到书面报告之日起 5 日内未通知招标人在招标投标活动中有违法行为的，招标人可以向中标人发出中标通知书。并将中标结果通知所有未中标的投标人，并按有关规定及时退还投标保证金。至于中标人的投标保证金，国际上通行的做法是，中标人应在规定的时间内向招标人提交履约保证，用履约保证换回投标保证金。

中标通知书对招标人和中标人都具有法律约束力。中标通知书发出后，招标人改变中标结果的，或者中标人放弃中标项目的，应当依法承担法律责任。中标人收到中标通知书后，即成为该项目承包商，必须在 30 天内和招标人签订合同。

在发出中标通知书到双方签订合同的这一段时间，双方一般还要就合同进行谈判，将双方之前达成的协议具体化，并可补充完善某些条款。但是，谈判不得涉及对招标文件和中标人投标文件中的实质性内容更改，例如关于价格、工期等内容，也不得再行订立背离合同实质性内容的其他协议。如果中标人拒签合同，则招标人有权没收其投标保证金，再和其他人签订协议。

招标人应当自发出中标通知书之日起 15 天内，向有关行政监督部门提交招标投标情况的书面报告。书面报告至少应包括下列内容：

（1）招标范围。

（2）招标方式和发布招标公告的媒介。

（3）招标文件中投标人须知、技术条款、评标标准和方法、合同主要条款等内容。

（4）评标委员会的组成和评标报告。

（5）中标结果。

招标人和中标人正式签订合同后，整个招标投标工作结束。

招标人不按规定期限确定中标人的，或者中标通知书发出后，改变中标结果的，无正当理由不与中标人签订合同的，或者在签订合同时向中标人提出附加条件或者更改合同实质性内容的，有关行政监督部门给予警告，责令改正，根据情节可处三万元以下的罚款；造成中标人损失的，应当赔偿损失。

中标通知书发出后，中标人放弃中标项目的，无正当理由不与招标人签订合同的，在签订合同时向招标人提出附加条件或者更改合同实质性内容的，或者拒不提交所要求的履约保证金的，招标人可取消其中标资格，并没收其投标保证金；给招标人的损失超过投标保证金数额的，中标人应当对超过部分予以赔偿；没有提交投标保证金的，应当对招标人的损失承担赔偿责任。

中标人将中标项目转让给他人的，将中标项目肢解后分别转让给他人的，违法将中标项目的部分主体、关键性工作分包给他人的，或者分包人再次分包的，转让、分包无效，有关行政监督部门处转让、分包项目金额千分之五以上、千分之十以下的罚款；有违法所得的，并处没收违法所得；可以责令停业整顿；情节严重的，由工商行政管理机关吊销营业执照。

招标人与中标人不按照招标文件和中标人的投标文件订立合同的，招标人、中标人订立背离合同实质性内容的协议的，或者招标人擅自提高履约保证金或强制要求中标人垫付中标项目建设资金的，有关行政监督部门责令改正；可以处中标项目金额千分之五以上、千分之十以下的罚款。

中标人不履行与招标人订立的合同的，履约保证金不予退还；给招标人造成的损失超过履约保证金数额的，还应当对超过部分予以赔偿；没有提交履约保证金的，应当对招标人的损失承担赔偿责任。

中标人不按照与招标人订立的合同履行义务，情节严重的，有关行政监督部门取消其二至五年参加招标项目的投标资格并予以公告，直至由工商行政管理机关吊销营业执照。

招标人不履行与中标人订立的合同的，应当双倍返还中标人的履约保证金；给中标人造成的损失超过返还的履约保证金的，还应当对超过部分予以赔偿；没有提交履约保证金的，应当对中标人的损失承担赔偿责任。

4.3.3 工程招标投标的有效与无效认定

建设工程招投标是建筑市场上采用最普遍、最常见的工程项目发包方式和成交方式，它不仅适用于工程施工的承发包，也适用于规划、设计、监理、提供设备、材料和其他物资采购、技术服务及技术转让等项目。招标投标的结果是业主与中标者签订经济合同，确定发包承包法律关系。因此，招投标是把竞争机制引入建筑市场的一种商品经济行为。

实行建设项目招标制是我国基本建设管理体制的一项重大改革。招标承包制的核心是企业面向市场，实行公开和公平竞争，业主通过招标的方式择优选择设计单位、监理单位和施工单位。因此推行招标投标制，是建立社会主义市场经济体制的重要内容，也是培育和发展建筑市场的一项重要工作。为了加强对工程招投标工作的管理，原国家计委和原建设部等有关部门发布了《建设工程招标投标暂行规定》、《工程建设施工招标投标管理办法》、《工程设计招标投标暂行规定》等一系列政策和法规，作为在工程建设领域内推行招标投标的政策依据和法律保障。

招标投标活动属于招标人和投标人在法律范围内自主进行的市场行为，受法律保护。招标人有权依法决定招标时间、招标方式以及选择招标代理机构；投标人有权根据招标文件的要求自主地进行投标报价，任何单位或者个人不得非法进行干涉。任何单位违法限制或者排斥本地区、本系统以外的法人或者其他组织参加投标的，为招标人指定招标代理机构的，强制招标人委托招标代理机构办理招标事宜的，或者以其他方式干涉招标投标活动的，由有关行政监督部门责令改正；对单位直接负责的主管人员和其他直接责任人员依法给予警告、记过、记大过的处分，情节较重的，依法给予降级、撤职、开除的处分。

任何遵守相关法律法规的招标活动有效，产生的中标结果也有效。

如果参与招标投标活动的招标人、投标人、招标代理机构、评标委员会等单位或者个人在招投标活动中存在违反相关法律法规和行为，则有可能导致招投标活动失效。

有下列情况之一者，投标人的投标无效，作废标处理：

（1）投标文件存在重大偏差。

（2）采用邀请招标形式的，投标人未通过资格后审。

（3）在招标文件要求提交投标文件的截止时间后送达投标文件的。

（4）投标人以他人的名义投标、串通投标、以行贿手段谋取中标或者以其他弄虚作假方式投标的。

下列行为均属投标人之间串通投标报价：

（1）投标人之间相互约定抬高或压低投标报价。

（2）投标人之间相互约定，在招标项目中分别以高、中、低价位报价。

（3）投标人之间先进行内部竞价，内定中标人，然后再参加投标。

（4）投标人之间其他串通投标报价的行为。

下列行为属招标人与投标人串通投标：

（1）招标人在开标前开启招标文件，并将投标情况告知其他投标人，或者协助投标人撤换投标文件，更改报价。

（2）招标人向投标人泄露标底。

（3）招标人与投标人商定，投标时压低或抬高标价，中标后再给投标人或招标人额外补偿。

（4）招标人预先内定中标人。

（5）其他串通投标行为：①投标人递交两份或多份内容不同的投标文件，或在一份投标文件中对同一招标项目报有两个或多个报价，且未声明哪一个有效，按招标文件规定提交备选投标方案的除外；②投标人名称或组织结构与资格预审时不一致的；③联合体投标未附联合体各方共同投标协议的；④投标人拒不按照要求对投标文件进行澄清、说明或者补正的；⑤评标委员会认定投标人以低于成本报价竞标的。

有下列情况之一者，中标无效：

（1）招标代理机构违法泄露应当保密的与招标投标活动有关的情况和资料的，或者与招标人、投标人串通损害国家利益、社会公共利益或者他人合法权益等行为影响中标结果，并且中标人为上述所列行为的受益人的。

（2）依法必须进行招标项目的招标人有向他人透露已获取招标文件的潜在投标人的名称、数量或者可能影响公平竞争的有关招标投标的其他情况的，或者泄露标底等行为影响中标结果，并且中标人为上述所列行为的受益人的。

（3）投标人相互串通投标或者与招标人串通投标的，投标人以向招标人或者评标委员会成员行贿的手段谋取中标的。

（4）投标人以他人名义投标或者以其他方式弄虚作假，骗取中标的。

（5）依法必须进行招标的项目，招标人违法与投标人就投标价格、投标方案等实质性内容进行谈判影响中标结果的。

（6）招标人在评标委员会依法推荐的中标候选人以外确定中标人的，依法必须进行招标的项目在所有投标被评标委员会否决后自行确定中标人的。

依法必须进行施工招标的项目违反法律规定，中标无效的，应当依照法律规定的中标条件从其余投标人中重新确定中标人或者依法重新进行招标。

招标人或者招标代理机构有下列情形之一的，有关行政监督部门责令其限期改正，根据情节可处三万元以下的罚款；情节严重的，招标无效：

（1）未在指定的媒介发布招标公告的。

（2）邀请招标不依法发出投标邀请书的。

（3）自招标文件或资格预审文件出售之日起至停止出售之日止，少于 5 个工作日的。

（4）依法必须招标的项目，自招标文件开始发出之日起至提交投标文件截止之日止，少于 20 日的。

（5）应当公开招标而不公开招标的。

（6）不具备招标条件而进行招标的。

（7）应当履行核准手续而未履行的。

（8）不按项目审批部门核准内容进行招标的。

（9）在提交投标文件截止时间后接收投标文件的。

（10）投标人数量不符合法定要求不重新招标的。

评标过程有下列情况之一的，评标无效，应当依法重新进行评标或者重新进行招标，有关行政监督部门可处三万元以下的罚款：

（1）使用招标文件没有确定的评标标准和方法的。

（2）评标标准和方法含有倾向或者排斥投标人的内容，妨碍或者限制投标人之间竞争，且影响评标结果的。

（3）应当回避担任评标委员会成员的人参与评标的。

（4）评标委员会的组建及人员组成不符合法定要求的。

（5）评标委员会及其成员在评标过程中有违法行为，且影响评标结果的。

小　　　结

本章主要介绍了开标、评标、定标的原则、程序、内容及相关的法律规定。在具体的招标投标的实践中，各地略有些不同，通过本章的例题可以了解到这一点。最主要的是要认真把握《招标投标法》及其他相关法规的强制性原则。

习　　题

1. 什么叫开标？开标的程序和要求是什么？

2. 评标主要有哪些方法？技术评审和商务评审的内容有哪些？

3. 评标报告的主要内容是什么？

4. 投标文件的重大偏差是指什么？

5. 什么叫串标？串标有哪些表现形式？

6. 在哪些情况下投标无效？在哪些情况下中标无效？

第5章 国际工程招标投标

【学习目标】 通过本章学习，了解国际工程招标投标的产生、发展、基本程序和特点，了解国际工程招标投标过程中的各个环节，熟悉国际工程招标投标与我国国内工程招标投标的区别与联系。

5.1 国际工程招标投标概述

招标和投标作为较为成熟的、高级的规范化贸易方式，是目前国际工程领域内普遍应用的、有组织的市场交易行为。随着我国改革开放的深入发展，我国参与国际工程市场领域的竞争将会越来越多。因此，了解国际招标投标运作方式，掌握国际招标投标技术对于我国参与国际工程领域的竞争具有重要的意义。

5.1.1 国际工程招标投标的产生和发展

在市场经济国家，采购招标形成的最初起因，是政府和公共部门或政府指定的有关机构的采购开支主要来源于法人和公民的税赋和捐赠，必须以一种特别的采购方式来促进采购尽量节省开支、最大限度地透明和公开，以及提高效率目标的实现。

政府采购制度起源于18世纪的欧洲，到了20世纪末，随着世贸组织（WTO）的建立而出现了较大的发展变化，政府采购更具开放性和国际性。1782年，英国政府首先成立了文具公用局，规定凡属于各个机关公文印刷、用具的购买均归文具公用局负责，该机构以后发展为物资供应部，专门采购政府各部门所需物资。该机构成立目的是为了满足政府日常管理职能的需要，提高政府资金使用效率。为实现这一要求，就要通过供应商之间的竞争，以最合理的价格采购自己需要的商品和服务。可以说最早的招标方式就是以这种"公开采购"或称"集中采购"的形式出现的。该机构的建立，为公开招标这种购买形式的发展奠定了基础。

1861年，美国通过了一项联邦法案，规定超过一定金额的联邦政府采购都必须使用公开招标方式；1949年，美国国会通过《联邦财产与行政服务法》，该法为联邦服务总署提供了统一的政策和方法，并确立了联邦服务总署为联邦政府的绝大多数民用部门组织集中采购的权利；1946年，美国在联合国经济社会委员会（ECOSOC）的首次会议上提交了一份著名的《国际贸易组织宪章草案》，在该草案的第8条和第9条，首次将政府采购提上国际贸易的议事日程，为国际工程招标投标的发展起到了积极的推动作用。

随着政府采购制度的发展，采购不再仅仅局限于物资货物采购，而是扩展到了工程和服务采购，国际工程招标投标也随着国际工程的采购而逐步发展起来。

20世纪70年代以来，国际工程招投标采购方式在国际工程贸易中的比例迅速上升，国际工程招投标制度已经成为国际工程市场上的一项国际惯例，并形成了一整套系统、完善的为各国政府和企业所共同遵循的国际规则，各国政府也加强和完善了本国相应的法律制度和规范体系，对促进国家间贸易和经济合作的发展发挥了重大作用。

5.1.2 国际工程招标投标的基本程序和特点

工程招标投标作为一种特殊的交易方式和订立合同的一种特殊程序，其自身有许多特点。在国际贸易中，目前已有许多工程承包领域采用这种交易方式，并已逐步形成了多种国际性惯例。从发展趋势看，招标与投标的领域还在继续拓宽，规范化程度也正在进一步提高。

1. 国际工程招标投标基本程序

国际工程招标投标是一种有组织的、在国际范围内公开的、按照一定规则进行的贸易方式。其基本程序是：由工程招标人委托的招标机构发出招标通知，说明拟建设项目的各种交易条件，邀请各国供应商或承包商在指定的期限内提出投标报价；然后，招标机构对所有投标报价进行分析和比较，选出其中最有利条件的供应商或承包商，并与之签订合同。

"国际工程招标"与"国际工程投标"是分别从建设方或承包方不同的角度运作所得到的称呼。从建设方角度看，国际工程招标是一项特定的国际采购活动，它向世界各国公开提出交易条件，以征询卖方的最佳报价，其基本程序为：首先发出招标公告或通知，等到若干家投标人同时投标，然后通过对投标人所提出的工程建设的价格、质量、工期和该公司技术水平、财务状况等因素进行综合比较，最后确定其中条件最佳的投标人为中标人，并与之最终订立合同的过程。其基本环节为发布招标公告、投标资格预审、发售招标文件、开标、评标和决标等。建设方在国际招标中应着重分析工程招标的程序与组织方法，对将要购买的工程项目质量、技术、规格等提出详细要求，研究采购活动中将要涉及的法律及有关规定。

从承包方角度看，国际工程投标是一种获得国际工程项目的活动。其基本程序为：接到招标通知后，根据招标通知的要求填写招标文件（也称标书），并将其送交给招标人的行为。投标人在填写标书和报价时，一般要先获得投标的资格；在取得投标资格后、投标人再认真研究招标文件，并根据招标文件的要求进行填写和报价。其基本环节为投标资格申请、参加标前会议和现场考察、办理投标保函、投标报价的确定、投标书编制和递送等程序。承包方在投标中需要深入研究投标文件、定价策略和投标的竞争手段。

2. 国际工程招标的特点

国际工程招标作为一种综合性的、较高级的交易方式，与传统的贸易方式相比，有着非常鲜明的特征。

（1）国际工程招标的交易行为具有组织性。国际招标有固定的招标组织人，有固定的投标、开标、询标场所，招标进行的时间也按照招标人预定的日程按期举行。同时，招标经过近两百年的发展过程，具有相对固定的操作程序和交易条件；招标的决策也是整个评标委员会的群体决策过程。相比之下，传统的谈判贸易方式要松散得多，买卖双方常常是个体行为，交易时间、地点、条件在谈判过程中经常改变，在交易额比较大和交易对象比较复杂的情况下，其风险也比较大。

（2）国际工程招标的竞争过程具有公开、公平、公正和择优的特征。国际工程招标采用在全球范围内公开发布招标公告，公开邀请投标人，公开招标条件，公开宣布投标人的报价、工期等手段以保证其公正性，使得合格的投标者之间机会均等。同时，招标过程的进行又充分体现了公正性原则。开标过程公开而程序严密，评标过程则由综合了买方、招标人和专家的评标委员会力量，依据"公正、科学、择优"的原则对投标人进行综合评价，并从中选定中标人。国际工程招标的公正性和择优性，是招标这种交易方式在世界各国工程承包领域被广泛推行的主要原因之一。

（3）国际工程招标具有一次性报价的特征。国际工程招标是诸多投标人在同一时间一次性报价，其投标文件递交后，一般不得撤回或修改。所以，投标人报价后能否成交，完全取决于投标质量，整个招标过程中，投标人没有讨价还价的权利，这样就迫使投标人对报价的确定比一般贸易更谨慎和准确。而且，招标人在交易中占据了主动地位。投标人在竞标过程中与招标人就某些条件进行的商谈，其商谈的项目、范围和时间等都取决于招标人，这与传统贸易方式中交易双方都可以提出自己的条件讨价还价有着根本的区别。

（4）国际工程招标的目标是追求多目标条件下的系统最优化。国际工程招标的根本目的不仅仅是简单地追求最低价，招标的工程往往具有资本、技术、劳务和成套设备相结合的综合属性，因此，招标成功的评价过程不仅限于交易达成，而还在于资源是否实现有效配置，以及资源配置的效率和效益是否达到最佳统一，具体表现为时间、资金、劳动的节约；各要素组合最佳指的是工期短、成本低、质量优，并获得寿命周期效益最佳。

5.1.3　国内和国际工程招标投标的区别和联系

首先，应该说招标投标制度是适应于一定的社会生产力水平而发展起来的社会化生产经营管理方式，反映了一定的生产关系和上层建筑，但更主要的是与社会生产力水平密切相关。因此，单纯的从生产力水平和社会管理角度考察国内外招标投标制度，二者必然具有较密切的联系。

1. 都受时间序列自然规律的约束

国内招标投标必须服从于从规划、设计、施工到投产的一系列既定的基本建设程序，国际招标投标也必须服从于国际上普遍通行的建设程序。从招标投标自身的程序看，从进行招标准备、发出投标邀请函、资格审查、投标、开标、评标直至授标，无论国内还是国外，都严格地遵守了自然因素所决定的时间序列。

2. 都是商品经济的产物

国外的招标投标是商品经济发展到一定阶段的产物，在资本主义发展的最初阶段，大规模的工程建设没有商品化，招标投标也就不可能形成和发展。随着商品经济的逐步发展，资本主义法律制度的进一步完善，社会化大生产的进一步发展，社会管理水平的大幅度提高，招标投标制度也就应运而生了，经过长期在实践中的广泛应用，招标投标制度已趋完善成熟。

我国的工程招标投标制度是社会主义商品经济的产物。招标投标制度的试行和推广是以承认商品经济的必要条件为基础的，即承认社会主义制度下的各企业之间存在着独立的利益，企业之间在利益追求上是公平平等的，社会化大生产大规模分工协作的客观存在，要求社会主义企业在平等互利的原则上加强社会协作。因此，只有承认了商品经济等价交换和公平竞争的价值规律，工程招标投标制度才能推行和完善。

由于国内、国外商品经济发展历史的差异，政治经济制度的不同，法律制度、民族习惯的不同，工程招投标就存在着一定的区别。

1. 招标投标制度的完善程度不同

国外的资本主义商品经济发展了数百年，招标投标制度也已经过反复的实践，形成了较为完善的体系和机构。例如，英国是最早实行工程招标投标的资本主义国家，拥有从事招标投标研究和组织的专门机构，有一套相当严密的关于招标投标的规范。但我国的招标投标制度才建立不久，还处于摸索探讨阶段，无论是从体制还是机构建设上还需要完善。

2. 所处的政治、经济制度不同

我国是以公有制为主体的社会主义国家，而国外参与工程承包的绝大多数承包商都来自实行私有制的资本主义国家。公有制条件下的企业与企业之间的责权利关系的界限和约束不可能像私有制条件下的企业那样分明。因此，国内招投标的公平竞争性表现不够充分。即便在国际招投标中，这种弱势优势也能显示出来。由于国有企业资产为国家所有，国家拥有任意处置权，在国际招投标中，业主往往以资产可以任意逃避转移为借口，拒绝国内公司以公司资产抵押作为担保的保函。

国内招标投标面临的是同一的政治经济环境，而国际的招标投标由于涉及的范围广，各个项目所在国的政治经济环境会有明显的差异。为了确保项目盈利，必须要充分了解项目所在国的政治经济环境稳定程度，防止政治经济风险。

3. 所涉及的技术规范、政策法规、金融制度、经济法规等有较大差异

国内招标投标，按照政府有关部门的规定，使用统一的技术规范，套用规定的定额，遵循一定的政策法规、经济法规。在国际招标投标过程中，虽然大多数项目采用国际通用的规范，但项目所在国有权使用自己特定的技术规范，这就会导致各国间的较大差异，投标者不得不谨慎从事，以免造成失误。各国间政策法规、金融制度、经济法规甚至风俗习惯的差异更令投标者不得不加倍慎重。例如，某些国家进行外汇管制，某些国家银行存款不付利息，某些国家对国外劳工入境有明确限制等。

4. 招标投标的做法及规定不同

国内工程招投标的做法及规定与国际上通行的工程招投标的惯例做法有不同的地方。如我国没有暂定金额项目。在费用计算方法上，国际工程采用的是按照市场情况确定的综合单价，而国内投标报价还有用单价加取费的做法。在合同范本采用上，国内采用一些国内范本，而国际工程大多采用国际流行的合同文本，如 FIDIC 合同条件等。

5.2 国际工程招标

5.2.1 国际工程招标的主要种类

1. 主要国际工程招标惯例

招标是国际工程通用的一种交易方式，但至今为止，在国际上还没有形成一套各国都应遵守的带有强制性的统一招标规定，国际工程招标也都会因为国家、地区或主体的不同而习惯产生各自适合的招标法规，目前国际上的招标惯例主要有世界银行推行的招标方式、英联邦地区推行的招标方式、法语地区推行的招标方式、独联体和东欧地区的招标方式四种。

2. 国际工程招标的主要方式

在国际工程承包市场上，根据招标人的要求、工程本身的特点，根据有关国家政府的规定和国际惯例，工程采购往往可以（或要求）采用不同的招标方式。现行国际市场上通用的招标方式大致可归纳为以下几种类型。

（1）公开招标。公开招标是一种无限竞争招标，一般由招标人通过报纸及其他新闻渠道公开发布招标通知，邀请所有愿意参加投标的承包商参加投标的招标方式。这是国际招标中最常见的招标方式，也是世界银行贷款项目招标采购方式之一。公开招标具有代表性的做法有世界银行贷款项目招标方式和英国、法国的公开招标方式。以下仅就世界银行贷款项目招标方式作一些介绍。

世界银行贷款项目的公开招标方式包括国际竞争性招标和国内竞争性招标两种。世界银行要求贷款受援国按照该行所规定的有关采购政策和程序进行贷款项目的工程采购，使有资格投标的会员国供应商和承包商有公平竞争的机会。

国际竞争性招标要求通过各种方式向国际工程界发出通告，要求公正地表述准备进行的工程项目的技术说明，要求具体写明对标书的评标标准，并且在招标文件规定的开标日期，在有招标机构的所有决策人员和投标人在场的情况下当众开标。开标的结果、各投标人的报价和投标文件的有效性均应公布，并由出席开标的招标机构所有决策人员在各承包商的每份标书的报价总表上签字，以表示从此时起到授标前任何人不得修改报价。

世界银行根据不同地区和国家的情况规定，一般借款国花 10 万~25 万美元以上的大中型工程采购，均应采用国际竞争性招标方式进行。中国的贷款项目金额一般比较大，世界银行规定我国工业项目采购凡在 100 万美元以上的，均应采用国际竞争性招标进行。据统计，世界银行贷款项目中约有 80％采用公开招标方式采购工程。

国内竞争性招标也称地方竞争性招标，是指在国内刊登招标广告并按国内程序进行竞争性招标的招标方式。有些工程，由于其性质或规模等原因，不可能或不适合吸引外国承包商，而在国内刊登招标信息，并按国内招标程序进行竞争性招标，则是最经济、最有效的采购方法。地方竞争性招标方式较多地在政府和私营采购项目中采用。世界银行对采用这种招标方式采购其贷款项目的工程的条件，作了如下规定：

1）合同的价值很小。这一点与有限的国际性投标相同。在世界银行贷款项目中，价值很小的采购活动究竟采用何种招标方式，一般由借款国与世界银行商定。

2）合同工程地点分散而且延续的时间很长。外国承包商一般对这种工程不感兴趣。

3）工程是劳动密集型的。

4）当地可获得的工程的价格低于国际市场价格。

5）国际竞争性招标的优点已明显地被涉及的行政和财务的负担所抵消。

6）从国内采购工程建筑可以大大节省时间，对项目的顺利实施具有重要的意义。

在世界银行贷款项目的招标采购中，国内竞争性招标所遵循的国内招标程序应能被世界银行所接受。为了保证合理的价格，这种程序应提供充分的竞争性，并应将评标和授予合同所使用的方法告诉所有的投标人，不得单方面强制施行，招标方原则上应将合同授予标价最低的投标人。

实行公开招标，可以使买主以有利的价格采购到需要工程建设，同时又可以保证所有合格的投标人都有参加投标的机会，实现公平竞争，还可以大大减少项目采购中的作弊现象。因此，公开招标方式被认为是最系统、最完整和规范性最好的招标方式，其他招标方式往往参照公开招标方式进行。

（2）限制性招标。限制性招标是一种有限竞争性招标，包括一般限制性招标和邀请招标两种。一种是一般限制性招标，这种招标形式常见于由国际金融机构资助的项目，这些项目只能允许属于该资助机构或组织的成员国参加投标。虽然也是世界范围内招标，但对投标人有严格的限制。另一种是邀请招标，世界银行的有限国际性招标、英国的有选择性招标、日本的指名招标竞争方式（也称选择招标竞争方式）等都属于邀请招标。世界银行的有限国际性招标，是指不公开刊登广告而直接邀请某些承包商投标的国际性招标方式，是国际竞争性招标的一种修改形式。在世界银行贷款项目、政府项目和私营项目的采购活动都有采用邀请招标的情况。一些国家政府习惯于采用这种招标方式，例如伊拉克、英国，一些私营业主考虑到公开招标方式工作量大、招标时间长、费用高等因素，往往也采用这种招标方式。

在世界银行贷款项目招标中，世界银行对采用邀请招标方式进行采购的条件作了如下的规定：

1) 采购的金额较小。即在规定实行公开招标方式采购的金额以下的采购活动，可以采用邀请招标方式。

2) 所需特定的工程项目，虽然采购金额较大，但在世界范围内只有为数不多的潜在投标人，实行公开招标并无实际意义，将使投标者徒然花费很大投标费用。这时，借款国经世界银行同意，可以采用这种招标方式直接邀请来自三个以上不同国家的四家以上合格的投标人进行投标。这样做有助于节省时间，同时也可以取得高质量的标书和理想的报价。世界银行还规定：在进行有限的国际性招标时，借款人应从足够广泛的可能参加投标的承包商名单中征求投标，以保证价格具有竞争性；在标书评审中，不能实行国内或地区性的优惠待遇（实行公开招标则可以有一定的优惠）；除公告和优惠待遇外，在其他一切方面均适用公开招标的程序和原则。

邀请招标可以节省时间，减少招标与投标费用。但这种招标方式也有某些弊病，例如，可能遗漏一些合格的、有竞争力的承包商，在评标时，可能歧视某些投标人等。

（3）两段招标。两段招标实质上是一种公开招标和邀请招标综合起来的招标方式，也称为两段竞争性招标。

在第一阶段，按照公开招标方式进行招标，经过开标评价后，再邀请其中报价较低或最有资格的三、四家承包商进行第二阶段的报价。在第一阶段报价、开标、评标之后，如最低标价在招标的底价以内即可进行决标而不必再采用第二阶段报价；如果最低标价超过底价20％以内，而经过减价，重新比价之后仍不能低于底价时，则可邀请其中数家商谈，再做第二阶段报价。两段招标往往适用于下列两种情况：

1) 招标工程内容处于发展过程中，需要在第一阶段招标中博采众议，进行评价，选出最优方案，然后在第二阶段中邀请被选中方案的投标商进行详细的报价。

2) 在某种新的大型工程项目的招标中，招标人对此项目的经营往往缺乏足够的经验。这时可以在第一阶段招标中向投标商提出要求，就其最熟悉的经营方法进行投标，经过评价，选出其中最佳的投标商再进行第二阶段的详细报价。

5.2.2 国际工程招标准备

在正式对外招标即发布招标公告之前，招标人先要做一系列准备工作，也就是说要有一个招标准备过程。这一过程的主要工作有成立招标机构、编制招标文件、确定标底。

5.2.3　国际工程招标程序

招标实施是整个招标过程的实质性阶段。招标实施主要包括以下几个具体步骤：发布招标公告；投标资格预审；发售招标文件；开标；评标；决标。

1. 发布招标公告

（1）招标公告的目的。按照国际惯例，公开招标项目均应发布招标通告。就国际竞争性招标而言，发布招标通告既是一种惯例，又是一些国家的法律规定，或是为项目提供资金的金融借贷机构的规定。发布招标通告是招标实施过程的开始。刊登广告的目的是将采购的机会通知一切可能的投标人，使竞争更为广泛，为业主提供较多的投标选择，以便从中挑出最好的投标人。发布通告或广告的第二个目的是向所有合格的投标人提供均等机会，一视同仁。

（2）招标公告的内容。根据招标方式的不同，公开招标以广告形式公开发表，而邀请招标则以邀请函方式发给拟邀请的投标承包商，两者形式不同，但其内容大体相同。主要包括以下内容：招标项目所在国家及公司名称、地址；招标工程项目名称；拟采购工程内容以及招标范围简要说明；资金来源（如世界银行贷款、政府预算资金）；招标有关信息（招标文件号或名称、工程说明、工程所在地以及工程规模等）；工程完工时限；发售招标或资格预审文件的时间、地点和费用；报送标书时间、地点和投标截止期限；投标保证金金额；对投标人的资格要求等。

（3）招标公告的发布途径。招标公告主要通过招标广告和招标通知两种途径进行发布。

1）招标广告。国际竞争性招标发布招标公告通常有以下渠道：官方公报；官方通告牌；本国报纸（用本国语言及外国语言发行）；外国报纸；技术性期刊；行业刊物；致大使馆通知书；向有关国际商业公司、商务机构、贸易使团等发通知书。有些项目由贷款机构或组织规定了公告的途径。例如，使用世界银行贷款的国际招标采购项目，其招标消息要求发表在世界银行发行的报纸《联合国发展论坛报》商业版的"一般采购通知"栏内。

2）招标通知。招标通知的发出分两种情况。一种情况是，在刊登国际招标广告的同时，招标机构还向各国使馆或驻招标国的外国机构发出招标通知，使得国际招标信息能够最广泛、最快速地传达到每一个可能投标的卖主。有时，招标通知也可以直接送交招标机构所熟悉的卖方，邀请其将来参加招标。另一种情况是，招标机构所采用的招标形式为国际邀请招标。招标机构不对外公开发出招标广告，而是直接向工程承包人个别发出投标邀请。

（4）发布招标公告的时间安排。为使潜在的投标人对招标项目是否投标进行考虑和有所准备，招标人在发出招标通知和刊登招标广告时，必须要考虑从招标公告发出到招标开始留出一段合适的时间，也称之为投标准备时间。招标公告时间一般不少于 90 天。多数情况下，按照国际惯例，从招标通告发布之日算起，应让投标人至少有 45～60 天，在特殊情况下有180 天时间，来准备投标和递交标书。总之，招标机构要根据具体需要规定招标公告时间。

（5）招标通告的法律责任。在世界银行编制的招标文件中规定：招标人保留在授予合同前的任何时候接受或拒绝任何投标取消招标和拒绝所有投标的权利，无须对受影响的投标者承担任何责任，也没有义务将招标者的行动背景通知受影响的投标者。也就是说世界银行是认为招标通告对于招标人不具有法律约束作用。

从我国法律角度看，要约邀请是希望他人向自己发出要约的意思表示。寄送的价目表、拍卖公告、招标、公告、招股说明书、商业广告等为要约邀请。由此可知，招标行为的法律性质属于要约邀请。根据合同法原理，发出要约邀请的一方一般不会承担法律责任。对于招标而言，招标人无法保证投标人中标，招标人也不对投标人在投标中的损失承担赔偿责任。从发出招标公告开始至投标截止日期为止，这段期间属于要约邀请阶段，此期间内，招标人在不违背诚信原则的前提下，可以对招标文件进行补充、修改，甚至撤销招标公告。即便是投标人已经为投标做了准备，招标人就因此给投标人造成的损失仍无须承担任何责任。这种损失可以算作是投标人的商业风险。因此，要约邀请是一种事实行为，对要约邀请人没有法律约束力。但在有些国家，其相关法律文件中明确规定招标行为具有一定的法律约束力。例如，科威特的《公共招标法》规定，招标广告自刊登之日起 90 天内有效（招标广告或招标书中另有声明者除外），在该有效期内招标人不得随意修改或撤回招标。

2. 投标资格预审

对于土建工程和大型、复杂的工业设施的合同，往往要求对投标人进行资格预审。资格预审的目的是保证招标邀请只发给那些有能力承包工程的承包商，但必须允许任何预审合格的投标人参加投标。资格预审一般要求投标人递交资格审查表和有关文件，了解承包商的财务状况，技术组织能力，一般经验和信誉，确保参加投标的承包商的确有能力进行承包。由于承包工程条件不一，资格预审内容和评价重点也就不相同。一般重点评价承包商的财务状况、施工经验、以往成就、人员能力、施工装备等。资格审查对保障招标人的利益、促进招标投标活动顺利进行具有重要意义。资格预审也可以减少招标人的费用，从长远看还可以降低报价。资格预审可以保证实现招标目的，选择到最合适的投标人。资格预审能吸引力量雄厚的承包商前来投标，通过资格预审，招标人可以了解可能的投标人对该项目的投标有多大兴趣，这一信息对招标人是非常有用的。

（1）资格审查的种类。根据资格预审安排不同和招标的先后关系可以分为以下两种：

1）根据资格预审安排的不同，可以分为定期资格预审和临时资格预审两种方式。定期资格预审是一种在固定时间内集中进行资格预审的方式。其基本程序是由政府采购机构定期（一般是一年审一次）在有关报刊上公布资格预审的起止日期，承包商得知消息后报送相关文件参加审查，审查合格者被资格审查机构列入资格审查合格名单，在当年或资格审查有效年度内该国机构需要采购物资时，就可按照资格审查合格名单所载企业或厂商名称，发出招标邀请，不在名单之列的企业，无资格参加投标。定期资格预审集中时间、人员对申请审查的企业进行检查，省时省力效率高，但一般只适用于反复多次的采购项目。临时资格预审是投一次标就进行一次审核的一次性资格预审方式，多用于工程建设和非重复性采购项目。这种资格预审目标明确，针对性强，审查可以细致、深入。但是，由于多数招标机构是临时组建，招标结束后，资格审查的结果和资料也失去作用，不便于资料的保存和重复使用。

2）根据资格预审与招标的先后关系，可以分为资格前审和资格后审两种方式。限制性招标、两段招标及法语地区的有限询价，均要求投标前进行资格预审。也有些招标在开标后评标前进行资格预审，如有些公开招标和公开询价，投标人多，资格预审工作量大，采用开标后评标前仅对有可能中标报价最低的几家进行预审，可以减少预审工作量。

（2）资格预审的程序。资格审查的程序可分为四个步骤，分别是通知资格审查、出售资格审查文件、投标人资格的审查、确定合格投标人名单。分别介绍如下：

1）通知资格审查。通知资格审查通常有两种做法，一种做法是在前述的招标通告中写明将进行投标资格预审，并通告领取或购买投标资格预审文件的地点和时间；另一种做法是在报纸上另行刊登资格预审通告。资格预审通告的主要内容包括：所需采购工程的简介；合同条件；项目资金来源；参加预审的资格；获取资格预审文件的时间、地点以及递交投标申请书的时间和地点。一般来说，从刊登资格预审通告或可以取得资格预审文件的最后日期，到申请截止期之间应有 60 天时间，至少不得少于 45 天。

2）出售资格预审文件。资格预审文件应提供采购人及采购工程项目的全部信息，其内容比投标预审通告所提供的应更为详细。一般包括以下内容：业主和工程师的名称和地址；工程的性质和主要工程内容、包括主要工程数量；工程所在地点及该地点的基本条件；项目的时间、进度；规格及主要合同条件的简单介绍；投标保证金及履约保证金要求；项目融资情况；支付条件；价格调整条款；承包合同使用的语言；合同遵循的法律；本国投标人的优惠条件；组成联合体投标的要求；指定转包人的作业范围；最好还包括合同估计造价等。资格预审文件中可以规定申请资格预审（或投标）的基本合格条件，也可以列出限制条款。

3）投标人资格的审查。资格预审申请书的开启不必公开进行，开启后由招标机构组织专家进行评审。如果是特大型工程项目，则应该召开资格预审准备会议，包括组织现场考察，以便申请人取得有关项目情况的第一手资料。这种会议也有助于组成联合体。

4）确定合格投标人名单。评审后，列出资格预审合格名单，并通知所有通过资格预审的申请人前来购买标书。

（3）资格预审文件的编制。根据以上内容，招标机构编制资格预审文件。编制的要求是简明扼要，能清晰、真实地证明投标人的能力。资格预审文件大多用表格的形式，同时附上招标机构对填写、报送的要求，以便资格预审申请人能准确地填写。为此，资格预审文件应包括资格预审的说明和资格预审表格两部分。资格预审说明主要是说明招标项目的情况，资格预审对象的范围和填写注意事项。招标项目的情况包括：项目的名称、规模、所属公司；工程项目细节的介绍；合同的主要条件等。

资格预审表格一般采用国际咨询工程师联合会编制的承包公司资格审查表标准格式，由承包商如实填写后上交，资格预审文件表格的份数、格式随招标项目的不同而有所区别。

3. 发售招标文件

凡为招标工作服务的对外正式文件，即从招标通告直至将要签订合同的格式与内容，都属于招标文件的范围。它是招标机构或招标咨询机构编制的，向合格的潜在投标人发出有关招标的各种书面要求。招标文件涉及招标工作的自始至终，其作用至关重要，它既是投标者准备投标文件及投标的依据，也是评标的依据和签订合同所遵循的文件。

经资格预审确定合格申请人后，应尽快通知合格申请人，通常以书信方式发出投标邀请，通知获得投标资格的申请人及时购买招标文件，同时在报纸上公布这一通知。但一般不在报上公布获得投标资格的申请人名单，因为这种做法可能导致合格申请人之间串通舞弊。

招标文件按套数发售。供给投标人套数的多少要根据招标工程项目的复杂程度和分包的范围。通常招标文件不应少于两套。

4. 开标

招标机构在预先规定的时间将各投标人的投标文件正式启封揭晓，就是开标。开标阶段的主要任务是做好开标现场工作，为此必须有一套良好的开标制度与规则，要求招标机构和所有投标商共同遵守。

（1）开标的时间和组织。开标时间须预先在招标文件中作出规定，招标人应按预先规定的时间开标，一般开标时间安排在交送标书的截止期后的 24 小时至 3 个月之内。如遇有特殊情况，例如购买标书的公司数目太少，招标人可以推迟开标，但须事先书面通知各投标人。

（2）开标方式。

1）公开开标。公开开标的惯例做法是：在预先规定的日期和时间，受托办理开标的工作人员或委员会成员将投标箱运送到开标会议会场，由其中一位工作人员当众开启投标篇，将全部投标封套取出；并核对每一封套上的编号（通常按收到投标文件的顺序编号）以确定此次投标无误。然后由首席人员当场逐一启封，并高声宣读备投标商的名称及其投标报价（以"投标书格式"中所填的投标价为准，包括本国货币及第一外币），这是唱标。唱标完毕，开标会议即结束。唱标应当用本国语言和国际上较通用的语言，以两种语言分别宣读。开标会议上一般不允许提问或作任何解释，仅允许记录或录音。

如果在开标中恰巧宣读出两个或两个以上相等的报价，则把投价结果一同呈交招标机构，等到评价后决断。开标时若发生不同意见，开标机构所有成员当场以无记名投票方式作出决定。投标人或其代表应在会议签到簿上签名，以证明其在场。

开标结束后，应由开标组织者编写一份开标会议纪要，其内容包括：开标日期、时间、地点；开标会议主持者；出席开标会议的全体工作人员名单，到场的投标商代表和各有关部门代表名单；截标前收到的标书，收到日期和时间及其报价一览表；指定银行在指定日所公布的各种外币卖价兑换率；对截标后收到的投标书（如果有的话）的处理等。开标会议纪要应送有关方面，包括：业主、工程师、项目主管部门、政府有关部门，如果是世界银行贷款项目，还应送交世界银行。在需要时，投标人有权要求检查开标记录以及附件，开标主持机构或招标部门不得拒绝。

对于公开开标，各国的具体做法略有不同，主要有两种。一种是采用双封套制，即投标人将投标书分装在两只套内递交，其中一只封套内装投标书的技术部分，并无标价，另一只封套内只装标价。在第一轮开标时只拆启内装技术性标书的封套，并将其递交给技术评定委员会，审定其在技术上是否符合条件，并由招标机构向被评定为合格的投标人发出通知；接着进行第二轮开标，当众拆开内装标价的封套，并按前进程序进行。另一种是采用单封套制，即投标人将所有投标文件装在一只封套内，招标机构只须作一轮开标。双封套制的优点是，能完全根据技术上的优劣鉴定它在技术上是否符合条件，因为评定人在技术鉴定时还不知道标价，因此可得到比较客观的评价。其缺点是，假如一个投标人提出的某一新技术与招标条件不符合，但该条件不但可行还能节省大量资金，而在双封套制中很容易遭到拒绝，标价封套被原封退回。在这种情况下，真正受损的还是业主。

2）秘密开标。这种开标是由招标人和咨询工程师以及招标机构的审评人员参加，招标人的特邀人员如政府和有关当局的代表也可出席开标，其他人一概不得介入，开标的结果由招标委员会通知投标人。采取这种方式确定中标人，不仅取决于投标的报价和其他条件，还要考虑投标人和招标人之间的业务关系，以及彼此国家之间的政治、经济关系和其他因素。由于投标价格一旦公开，相互竞争的投标人会施加压力，因而业主也许不可能对投标做冷静和周密的评定。另外，对于政府承包合同，公开开标会使相互勾结的人左右标价，而秘密开标可以使得这种串通行为难以形成。

开标以后，任何投标人都不得更改投标内容，尤其是标价和其中的重要内容，但可以被允许对他的投标做一般性的说明和疑点的澄清。对招标人来说，也可以要求投标人对其投标文件的某些含糊不清之处予以说明，但不允许要求投标人修改其标价或实质性的内容。

（3）对迟到投标书的处理。对未按规定时间寄送的投标书，原则上视为废标，予以原封退回。但如果这种延误并非投标人的过失，而是因气候条件的影响延迟了投递，或者因为罢工而影响了发送，应当视为有效。

5. 评标

评标，即招标有关部门对投标书的交易条件、技术条件及法律条件进行评审、比较并选出最佳投标人的活动。评标时间长短根据招标工程项目复杂程度而定。但招标有关部门的评标工作应按预定的计划，在招标有关部门约定的时间内，即投标有效期到期之前完成。评标是一项重要而复杂的综合性工作。它是关系到整个招标是否体现公平竞争的原则，招标结果是否能使得买主得到最大效益的关键。因此，评标需要有科学的评标程序和标准。

（1）初审。对投标书进行初审，是为了确定投标书的合格性。即从众多的投标书中，筛选出符合最低要求标准的合格标书；淘汰那些不合格的标书，以免在技术评审和商务评审中浪费时间和精力。任何承包商要想获得中标的机会，首先要保证自己的投标书是合格文件。初审主要从以下几个方面进行。

首先是审核投标书的有效性。要审定的问题是投标人是否已通过了资格预审；其标书中的公司名称、负责人和公司合法地址与资格预审中申报的是否一致；投标文件是否是盖有招标委员会印记的原件；是否在开标截止时间以前递交的标书；是否按招标文件规定同时递交了符合需要的投标保函（包括银行是否可接受，保函金额和保函有效期是否正确，以及保函内容是否符合招标文件）等。如果是世界银行贷款项目，投标人必须是世界银行会员国、瑞士以及台湾地区的国民或法人。如果投标人是联合体，则联合体的所有合伙人都必须来自有资格投标的国家或地区，并且必须在有资格投标的国家注册。其他地区性国际开发银行也都规定，投标人必须是该组织会员国的国民或法人。如果投标人已通过资格预审，那么正式投标时投标的公司或组成联合体的各合伙人必须被列入预审合格的名单。

其次是审核投标书的完整性。审查标书的完整性，主要从以下几个方面进行：投标书是否按照规定格式和方式递送；投标书中所有指定签字处是否均已由投标商的授权代表正式签字或草签；有时招标人在其招标文件中规定，如投标人授权他的代表代理签字，则应附交代理委托书，这时就需要检查标书中是否附有代理委托书；如果招标条件规定只向承包商正式授权的代理人招标，则应审查递送投标书的人是否有承包商授权的代理人的身份证明；是否已按规定提交了一定金额和规定期限的有效保证；招标文件中规定应由投标人填写或提供的价格、数据、日期、图纸、资料等是否已经填写或提供以及是否符合规定等。

在对投标书作完整性检查时，通常要先拟出一份完整性检查清单。在对以上项目进行检查后，将检查结果以"是"或"否"填入该清单。对于缺乏完整性的投标书，不能一概予以拒绝，而应根据具体情况，分别酌情处理。这有两类情况：一类是实质性的内容不完整，例如未按规定提供投标保证金，则该标书应被认为不合格而加以拒绝；另一类是非实质性的内容不完整，例如投标人没有按要求提交足够的标书份数，标书中有一些参考性的材料未用招标文件中规定的语言表达并忽略了提供相应译文等，则不应认为该标书是不合格的，这时招标人可要求投标人加以澄清。

再就是审核投标书与招标文件的一致性。所有招标文件都规定了投标人的条件和对投标人的要求。这些要求有的是十分重要的，投标人若违反这些要求，就属于重大的偏离，该标书就应被拒绝；有些要求则是次要的，投标人若违反这些要求则属于较小的偏离，该标书就不应被拒绝，而是要求投标人对有关的问题加以澄清。判断一份标书对招标文件的要求是重大的偏离还是较小的偏离，最基本的原则是要考虑对其他投标人是否公平。如果某种偏离已经或会损害所有参加竞争的投标人的均等机会和权利，则这种偏离就应被视为重大的偏离而构成拒绝这份标书的理由。

最后是审核报价计算的正确性。工程投标是以工程清单为根据的，一切数字计算都要进行复核。如在乘积和计算总数时有算术性的错误时，则应以单价为准更正总数，因为招标文件通常规定，如数字不符，应以单价为准。但是，如任何一项的单价高或低得太不合理，显然是由于印刷上的或小数点的差错，则应该纠正单价。一切更正都应通知投标人，并征得其同意。如果他不同意，业主则可以拒绝该项投标。有的业主可能认为，纠正了错误后有利于投标人，则不愿意予以改正，而且要求投标人坚持原标价。

经过筛选留下的投标书，应是合法的、完备的和实质上符合条件的，即可进入下一步技术评审阶段。

（2）技术评审。对投标文件进行技术评审的目的，是确认投标人完成投标工程项目的能力，确认其施工方案的可靠性。由于工程招标过程中，多数都要经过资格预审，因此，投标人的技术能力是已被认可了的。在投标后，针对标书再进一步评审，重点是围绕投标人将怎样实施该招标工程项目来评定。因此，技术评审主要是根据投标书中有关的施工方案、施工计划和各项建议进行的。技术评审的内容大致如下：标书是否包括了招标文件所要求提交的各项技术文件，它们同招标文件中的技术说明和图纸是否一致；实施进度计划是否符合业主或采购人的时间要求，计划是否科学和严谨；投标人准备用哪些措施来保证实施进度，如何控制和保证质量，这些措施是否可行；如果投标人在正式投标时已列出拟与之合作或分包的公司名称，则这些合作伙伴或分包公司是否具有足够的能力和经验保证项目的实施和顺利完成；投标人对招标项目在技术上有何保留或建议，这些保留条件是否影响技术性能和质量，其建议的可行性和技术经济价值如何等。

（3）商务评审。商务评审的目的，是从成本、财务和经济分析等方面评定投标报价的合理性和可靠性，评定授标给各投标人后的不同经济效果。商务评审在整个评审中占有重要地位。在技术评审合格和基本合格的投标人当中，究竟谁能被选定为承包人，其商务评审的结论往往具有决定性的意义。商务评审的主要内容为：将投标报价与标底价进行对比分析，评价该报价是否可靠、合理；投标报价构成是否合理；分析投标文件中所附资金流量表的合理性及其所列数字的依据；审查所有保函是否被接受；进一步评审投标人的财务实力和资信度；投标人对支付条件有何要求或给予业主或采购人以何种优惠条件；分析投标人提出的财务和付款方面建议的合理性。

评标应由评标委员会组织进行，评标委员会由各有关方面人员组成，通常包括业主代表、工程师代表、主管部门及政府有关部门代表、法律顾问等。评标过程必须保密，即有关评标事宜均不得向其他人员透露。这样才能使评标工作不致受到干扰或压力，从而保证评标工作的顺利进行。

（4）举行招标澄清会。在经过初步评审后，招标人应针对评标阶段被选出的几份标书中存在的问题，拟出问题清单，要求各投标人对清单中的问题予以澄清。可以将问题清单分别发送给各投标人，由他们做出书面答复；也可以采用举行澄清会的办法，由投标人派出代表参加澄清会，当面澄清问题。举行澄清会有利于加快评标进程，是常常采用的方法，但在举行澄清会之前应将问题清单的主要内容预先通知有关投标人，以便他们有所准备。需要说明的是，澄清问题并不意味着议标，或者被允许修正投标报价。所谓约见投标人澄清问题，纯粹是评审过程中的一种技术性安排。

在澄清会上，评审人员要求投标人代表澄清问题的范围是没有任何限制的。例如，可以要求投标人代表补充报送某些报价计算的细节资料，特别是某些报价过高的子项工程的单价分析表；可以要求投标人代表对其列入投标文件中的技术性方案建设提供进一步的详细说明；可以要求补充其选用设备的技术数据和说明书；也可以要求投标人考虑改变支付条件等。但所需澄清的问题主要应集中在与评标价有关的问题上。

在开澄清会时，评审人员应向投标人代表提出经过主要谈话人签字的完整的问题清单；经过口头澄清后，投标人代表也应正式提出书面答复，并由授权代表正式签字。在澄清会期间，还可根据需要提出补充问题清单，再由投标人予以书面澄清。这些问题清单与书面答复均将作为正式文件，并具有与投标文件同等的效力。

（5）编写评标报告。招标委员会或招标评审小组在对所有标书进行各方面评审之后，须编写一份评审结论报告——评标报告。该报告作为评审结论，应提出推荐意见和建议，并说明其授予合同的具体理由，供业主作授标决定时参考。评标报告的主要内容应包括：叙述招标过程简况，含投标的规模概述、邀请投标人名册（指邀请招标而言）、授予合同的推荐意见等；因各种原因列为废标而被剔除的投标人名单；对有可能中标的几份标书的技术经济分析，主要包括标价分析（标价的合理性、与标底的比较、高于或低于标底的百分比及其原因），投标书是否与投标要求相符、有何保留意见或技术建议、这些建议是否合理，投标人提出的工程期限和技术建议以及这些建议是否合理，投标人提出的工程期限和进度计划的评述，投标人的资信及承担类似工程的经验简述、其分包商的简况，授标给该投标人的风险或可能遇到的问题等。

评标报告中也可以列表，对前几名可能中标的标书进行对比分析，然后提出报告人的推荐意见。被推荐的投标人应当是所有标书中最合理、最经济和风险最小的。

6. 决标

在国际招标与投标中，中标人必须由业主来确定。业主选择中标人的依据主要是评审小组所编写的评标报告。如果业主是公司，往往由公司董事会讨论裁决中标人；如果是政府招标项目，则通常是由政府主管部门首脑根据政府授予他的权力，在经过有关人员讨论、研究之后做出授标决定；如果是国际金融组织贷款项目，则由借款国有关机构做出投标决定，但要征询提供贷款的该国际金融组织的意见，提供贷款的国际金融组织如果认为借款国有关机构所作的授标决定是不合理或不公正的，可能要求其重新审议。如果借款国与国际金融组织之间有严重分歧而不能协调，则可能导致重新招标，或取消该项贷款。

做出授标决定后，业主将向中标的投标人发出授标意向信。授标意向信比较简明扼要，通常只写明请该投标人应在某时、某地点商签合同。如果投标价格是不容再磋商的，则可写上授标的价格。授标意向书是有约束力的契约，业主对由此产生的财务后果负有责任。因此意向书必须准确地表达其意图。

决标后，对未中标的投标人，业主也应当发出其未能中标的通知书。这种通知书的内容要简明扼要，主要是告知该投标人未能中标，而不必说明任何理出。作为一种礼节，应在通知书中对该投标人的合作表示感谢。

向未中标人发出通知书的时间应恰当安排。通常的做法是对某些明显不合理或毫无中标希望的标书，可以在评标结束后立即将结果通知这些投标人；而对于仍有可能中选的投标人，则可以稍晚些发出通知，因为如果业主同原中标人不能签订合同，仍有可能找第二、第三名备选者议标。未中标通知书应当注明，对于所提交的投标保函，该投标人可以办理适当手续取回，或由招标机构直接退给开具该投标保函的银行。

如果在投标有效期内仍不能做出授标的决定，招标机构通常可以通知有希望中标的几名投标人，请他们延长投标保函的有效期。这时，投标人则可保留因延期决标而调整合同价格的权利，如果有投标人不愿延长保函有效期，那么，其投标书就被视为自动失效。

5.3 国际工程投标

国际工程投标，包括投标前的准备和投标实施工作。

5.3.1 国际工程投标准备

1. 投标前的基本情况调查

投标前的准备十分重要，它直接影响投标的中标率大小。凡具有国际投标竞争能力的企业都特别重视准备工作的实施。投标前，首先要作好可行性研究。参加国际投标往往要耗费大量的金钱和时间，而这些代价均由投标人来承担。

(1) 了解工程所在国的政治、经济、地理和法律等基本国情。

1) 政治方面。首先要了解工程所在国政局的稳定性，应当清楚工程所在国的政治制度、政党组织及其对政权的影响，特别应分析近期内执政党更换、政权更替、政变、内乱以至发生内战或暴乱的可能性，评价政局对工程实施的影响。还要了解该国与邻国的关系，如是否可能由于与邻国关系恶化而发生边境冲突和战争。如果工程所在地区靠近该国的边境地区，应当分析工程实施可能遇到的困难。

2) 经济方面。首先应当了解工程所在国的国家经济现状和实施情况，尤其对涉及金额非常大、工程时间非常长的项目应该要特别注意。如果投标的是政府工程，还要了解政府近年财政收支是否有赤字，其外债支付情况、外汇收支状况、外汇储备水平等。还可以通过其他国际承包商，了解他们过去在该国承包工程时是否顺利获得工程款项。有国际工程涉及金融领域较多，还要详细了解该国金融情况，包括换汇限制、官方和市场汇率、主要银行及其存款和信贷利率、管理制度等。

3) 地理情况方面。包括：施工现场及其附近的地形、地貌和土壤地质情况；施工现场的水文情况，如江河、湖泊、地下水的深度与水质等；施工现场及其附近的气象情况，如年最高最低气温、冻土层深度、主导风向、风速、年降雨量及雪量；施工现场及其附近的自然灾害情况和地层灾害情况；施工现场交通运输及附近的地理条件对于物资运输及施工的可能影响，如当地公路情况、桥梁情况；港口、码头装卸货物条件等。对于内陆国家，往往要依靠邻近国家的海港转运物资，对工程物资的运输往往有较多麻烦。

4）法律方面。主要了解该国与投标工程相关法律法规和执法立法情况是否完善等。一个国家的法律往往是十分庞杂的，承包商不可能也没有必要掌握其全部法律和条例内容，可以通过当地律师或建筑业的同行了解与承包工程有关的法律和条例。例如投标法、经济合同法、公司法、劳动法、移民法、社会保障法、税收法、投资法、金融法、外汇管制条例等，其中有些直接与承包工程有关，应着重了解相关内容。

5）另外还要了解建筑行业情况，如当地建筑工程公司的能力、水平以及近期经营状况等；当地生活用品供应情况及市场价格水平；当地有关施工用料供应情况及价格水平；实施工程所需的设备、材料，临时工程用料的供应来源、可能性、材质、价格水平和供应量；当地的砂石料等建筑材料的货源情况，有无可能自行开采，开采时的特许使用费征收情况；当地运输情况，车辆租赁情况，运费水平，汽车零配件的供应情况，燃料供应情况及价格水平；工地附近港口和铁路的装卸设施及能力，价格水平，空运条件及价格水平；水、陆联运情况及价格水平；当地劳动力技术水平、劳动状况及雇佣价格水平等。

（2）了解工程业主的资金来源和支付的可靠性。如系政府工程项目，应了解其资金供应是否已列入国家已批准的预算计划，如是吸收外资或国际金融组织贷款，应了解外汇贷款比重及国内配套使用的资金是否已落实。如系私营工程项目，对业主的支付能力更应详细调查，还应对其信誉和资金来源背景进行了解。如果工程项目用于合营性质，无论是公私合营或全部私营股份公司合资，则也应对合营各方的资信进行了解。只有把资金的来源及落实情况摸清楚，承包公司才能结合本身的具体情况做出选择。

（3）了解潜在竞争对手的基本情况。首先，通过招标人了解可能参加投标的公司的名称、国别及其与当地合作的公司的名称。然后，了解拟参加投标竞争公司的能力、过去几年他们承包工程的业绩、他们在本国、外国和当地已完成和正在施工的项目状况。如果获得投标资格并拟参加投标的公司甚多，则可选择几家过去中标率较高的公司进行重点调查和分析，应当了解其突出的优势和明显的弱点。如果某些公司在当地已有工程处于施工阶段，那么他们可能利用现有设备和其他设施为新投标的工程服务，从而有可能降低投标报价。但是，任何一家承包商总会有其弱点，例如，管理费用可能偏高、招聘熟练工人可能要付出高昂代价等。承包商如果在竞争中做到知己知彼，尽可能制订合适的投标策略，发挥自己的优势而取胜。

（4）了解工程项目的具体技术要求。要详细了解该工程的性质、规模、工程现场条件、工期、准备期，特别是技术和设备的先进程度，承包公司本身的技术力量能否胜任承包项目的技术要求等。一定要在承包公司自身技术力量能胜任的范围以内，如果有适合的伙伴，采取联合投标、联合承包，则对某些超出自身技术能力的复杂项目才可以考虑。还要注意以下几点：采用哪国的施工验收规范；特殊的施工要求，某些特殊要求可能对施工方案、机具设备和工时定额有较大影响；特殊材料的技术要求，有关选择材料设备代用的规定；摘出每种须进行国外询价的材料设备，编出细目表，说明规格、型号、技术数据、技术标准，并估算出需要量，以便及时向外询价等。总的来说，需要通过多种因素的权衡分析，结合自身的优势和劣势，结合工程项目的要求综合分析各种有利和不利条件，再做出全面充分的判断。

2. 投标前的基本准备工作

投标人正式参加投标竞争之前，需要进行一系列的准备工作。投标准备工作主要包括以下内容：在招标人所在国注册、选聘代理人和筹措资金。

（1）在招标人所在国注册。承包人到国外承包工程项目，必须按照工程所在国规定办理注册手续，取得合法地位。有些国家规定，履行注册手续是取得投标资格的前提条件，那就应及早办好有关注册手续并取得投标资格，而有的国家则可以先投标，中标后注册。外国承包商向招标工程项目所在国政府主管部门申请注册，必须提交各种规定的文件。各国对这些文件的规定不尽相同，在此不作介绍。

在注册登记后，应按照工程所在国有关规定履行一定的义务，如缴纳有关税款和提交承包年度报告等。

（2）选聘代理人。代理人是能够代表承包公司利益开展某些工作的人。在国际工程承包中，代理人实际上是为外国承包公司提供综合性服务的咨询机构或个人。有些国家规定，投标的外国公司必须使用东道国的代理人，如埃及，否则不让投标。当然，不同的国家有不同的规定，有的国家（如阿尔及利亚）明确规定不准使用代理人，有的国家建议使用代理人，还有的国家没有对代理人方面作任何规定。但不从国家规定角度看，仅就项目实施角度看，承包人能在工程项目所在地物色一个能力强、经验丰富、资信好、信息灵通、有背景、社会关系广，甚至有强大政治经济后台的人，替自己办理各种有关事务也是十分必要的。在国际贸易中，80％以上都是通过代理人或中间人来完成的，国际工程承包也不例外。在国际工程承包项目中，承包商代理人的工作，直接影响其项目的成败。

1）代理人的作用。在国际工招投标中，代理人可以起到以下作用：向委托人传递招标信息，协助其参加资格预审和获取招标文件；协助委托人办理出入境签证、劳动许可、居留证、驾驶执照等证件手续；提供当地法律、规章制度和风俗习惯等方面的咨询服务；提供一般商业活动信息如物资、劳动力市场行情；协助委托人办理机械、设备和材料的进出口许可证和海关手续；协助委托人租用当地土地、房屋和机械设备，建立电传、电话、邮政信箱户头等通信手段；沟通委托人和业主及有关方面的联系，促进委托人和当地及商界的友好关系。

2）代理人的选择。代理人有两类，一类是法人；另一类是自然人。选择哪一类代理人，首先要符合有关国家的规定。通常一个好的代理人应当具备以下基本条件：

首先是代理人信誉良好。可以说，代理人的信誉在一定程度上也代表着承包商的信誉和形象。

其次是代理人关系广泛。代理人的社会联系是十分重要的。有广泛关系网络的代理人可以介绍承包商认识许多当地的重要人物和朋友。

再次还要求代理人熟悉业务。由于国际承包工程是一项履约时间很长和技术复杂的项目，它需要代理人付出相当长的时间和精力做许多具体的后期服务工作。因此，还应该适当从业务角度来选择代理人。

最后要注意代理人地位的合法性。这一点非常重要。有些国家对于代理人或经纪人有严格的规定，要有合法注册手续，并经批准核发经纪代理人营业许可证。

3）代理协议和费用。为了明确代理人的责任、义务和报酬等问题，委托人在向代理人谈判后，应当签订一份正式的代理协议，作为法律上的依据。代理协议的内容包括代理活动的业务范围和活动地区、有效期限、代理费用及支付条件、有关特别酬金的条款等。代理人一般只有协助承包商达到中标目的后才能得到代理费。代理费一般为合同总价的1％～5％，视工程项目大小和代理业务繁简程度而定。

（3）资金筹措。国际工程承包除在技术、质量和价格基础上的竞争之外，逐渐扩展到了资金筹措能力方面的竞争。承包商的资金筹措能力已成为国际市场竞争的关键点。据有关专家初步估算，带资承包项目约占国际工程承包市场的 65％，2003 年国际带资承包工程的规模约为 7800 亿美元。而大型国际工程项目招标时，工程业主往往把承包人的财务状况、固定资产和流动资金情况列为资格预审的重点内容。因此，没有足够资金力量的投标申请人是不可能通过大型招标项目的投标资格预审的。

一般来说，项目资金的筹资渠道主要有自有资金、银行贷款、出口信贷、合作承包、联合贷款等几种方式。

1）自有资金。承包人的自有资金包括现金和其他速动资产，以及可以在近期内收回的各种应收款等。只要预计所承包的工程利润较高，利润率大大高于银行存款率，就可以根据自己的能力适时投入自有资金。

2）银行贷款。银行贷款是资金筹措的主要途径，可以说，任何一个承包人要想得到发展，是离不开银行的。一般来说，要想从银行获得贷款或开具保函等，甚至提议各种优惠和便利，银行会从各个方面对承包人进行调查：首先，承包人的信誉，承包人完成工程的情况，是否按期完成，工程的质量如何，工程业绩等；其次，承包人的财务实力，包括承包人资产负债表、近期的损益表、速动资产、流动负债等；第三，承包人拟承包工程的情况，银行要了解工程业主的资金来源、工程的复杂程度和风险以及投标情况、承包人的标价和利润等；第四，承包人的能力及经验，承包人的能力和经验是否适应目前承包的工程项目；第五，承包人的诚实可靠性，银行要了解承包人是否隐瞒在建工程、潜在工程，应收款是否在近期内能收回，同工程业主是否存在争议等。当然，承包人在接受银行的调查和考核，如实地向银行提供各种资料外，也要对与之合作的银行结合自身资金情况和工程项目特点进行调查和选择。

3）利用材料设备的出口信贷。这种信贷的使用有两种办法，即卖方信贷和买方信贷。卖方信贷是由材料设备的制造厂商或出口商从该制造国的银行取得出口信贷，并将利息计入到材料和设备的总报价中，与承包人签订延期付款的销售协议，也可以双方商定由购买材料设备的承包商支付材料和设备分期款额外，另支付买方信贷利息，两者分别计算。买方信贷，是由卖方的银行通过买方的担保银行向买方（承包人）进行贷款，这笔贷款仅用于向卖方支付材料和设备款，利息由买方直接通过其银行支付。这两种信贷都要求买方开出银行保函，买方除了支付利息外，还要支付银行保函的手续费以及保函抵押金。

4）借助有较强经济实力的外国公司合作承包。承包人如果确实筹款有困难，就可以寻找一家或几家有较强经济实力的公司联合承包，这样可以分散或转移资金压力。承包人可以组织这个联合集团的成员发挥各自的优势，由各成员分别承担和筹集各自需要的资金，必要时承包人为找到合作伙伴要相应地让出一部分利益。

5）银团联合贷款。许多国际承包人同某些大的国际银行有着良好和密切的关系，他们经常互通信息，一旦碰到大型建设项目，承包人带资金垫款承包或接受延期付款感到有困难，就可以与银行相互合作。承包人负责组织咨询公司进行可行性研究和设计，而银行则可组织众多银行参加共同贷款，通过这样反复磋商做成较大的承包工程。但利用这种贷款时，必须选择好首席银行，一般选择富有经验而且与承包人有过密切合作历史的银行担任，他往往能向承包人提供许多良好的建议并向其他银行宣传介绍承包人。

5.3.2 国际工程投标的实施

投标实施过程与招标实施过程实质上是一个过程的两个方面，它们的具体程序和步骤通常是互相衔接和对应的。投标实施的主要步骤有：申请投标资格、参加标前会议和现场考察、办理投标保函、投标报价的确定、投标文件编制和投递。

小　　　结

国际工程起源于政府采购，其目的是使得政府采购公开透明，提高效率。随着这一方式的发展，其采购范围逐步扩展到货物、工程和服务领域，其方式也结合国家和地区差异而形成多种惯例。其中，世界银行对于工程招投标的国际惯例在国际工程领域得到较为广泛的运用，因此，本章介绍的国际工程招投标做法主要以世界银行为依据。在国际工程招标部分，依次从招标种类、招标准备、招标程序方面分别介绍，其中较为详细地介绍了招标文件编制和评标这两个环节。在国际工程投标部分，介绍了投标准备和投标程序，其中较为详细地介绍了投标前的基本准备工作和投标报价的确定。

习　　　题

一、名词解释

公开招标　限制性招标　两段招标

二、选择题

1. 国内竞争性招标也称地方竞争性招标，如下哪项规定不符合世界银行对采用这种招标进行工程招标的条件：（　　　）。

　A. 合同的价值很小　　　　　　　　B. 合同工程地点集中而且延续的时间很短

　C. 工程是劳动密集型的　　　　　　D. 当地可获得的工程的价格低于国际市场价格

2. 初审的内容不包括（　　　）。

　A. 标书的完整性　　　　　　　　　B. 标书的有效性

　C. 报价计算的正确性　　　　　　　D. 施工方案的可靠性

三、填空题

1. 国际工程招投标具有_____、_____、_____和多目标择优的特点。

2. 国际工程招标惯例主要有_____、_____、_____、独联体和东欧地区的招标方式四种。

3. 评标程序分为_____、_____、_____、举行招标澄清会、编写评标报告等五个步骤。

4. 国际工程项目资金的筹资渠道主要有自有资金、_____、_____、合作承包、联合贷款等几种方式。

四、问答题

1. 国际工程招标和投标的基本程序是什么？

2. 国际工程招标和投标的特点是什么？

3. 目前国际上的工程招标国际惯例有哪几种？

第6章 建设工程合同

【学习目标】通过本章学习，学生应了解合同的基本知识。了解建设工程中的合同关系；熟悉建设工程合同的类型，熟悉建设工程监理合同，掌握建设工程施工合同文本的主要条款。

6.1 概述

6.1.1 合同的基本知识

1. 合同的概念

合同是平等主体的自然人、法人、其他经济组织（包括中国的和外国的）之间建立、变更、终止民事法律关系的协议。在人们的社会生活中，合同是普遍存在的，起着十分重要的作用。

2. 合同遵循的原则

（1）平等原则。合同当事人的法律地位平等，即享有民事权利和承担民事义务的资格是平等的，一方不得将自己的意志强加给另一方。

（2）自愿原则。合同当事人依法享有自愿订立合同的权利，不受任何单位和个人的非法干预。

（3）公平原则。合同当事人应当遵循公平的原则确定各方的权利和义务。在合同的订立和履行中，合同当事人应当正当行使合同权利和履行合同义务，兼顾他人利益。

（4）诚实信用原则。诚实信用的原则是社会公德的体现，符合商业道德的要求。合同是在双方诚实信用基础上签订的，合同目标的实现必须依靠合同相关各方真诚的合作。如果双方都缺乏诚实信用，或在合同签订和实施中出现"信任危机"，则合同不可能顺利实施。

（5）合同的法律原则。合同是在一定的法律背景条件下签订和实施的，签订和执行合同绝不仅仅是当事人之间的事情，它可能涉及社会公共利益和社会的经济秩序，因此，合同的签订和实施必须符合合同的法律原则。

3. 合同的形式和内容

（1）合同的形式。合同的形式，是指合同当事人双方对合同的条款经过协商，作出共同的意思表示的具体方式，是当事人意思一致的外在表现形式。

我国《合同法》规定："当事人订立合同，有书面形式、口头形式和其他形式。"建设工程合同应当采取书面形式订立。

（2）合同的内容。合同的内容，是指由合同当事人约定的合同条款，这是合同自由的重要体现。当事人订立合同，其目的就是要设立、变更、终止民事权利义务关系，必然涉及彼此具体的权利和义务。合同的内容一般包括以下条款：

1）当事人的名称或者姓名和住所。

2）标的。

3）数量。

4）质量。

5）价款或者报酬。

6）履行期限、地点和方式。

7）违约责任。

8）解决争议的方法等。

6.1.2　建设工程的主要合同关系

一个建设工程项目的实施涉及的建设内容很多，往往需要许多单位共同参与，不同的建设任务往往由不同的单位承担，这些参与单位与业主之间应该通过合同明确其承担的任务和责任以及所拥有的权利。由于建设工程项目的规模和特点的差异，不同项目的合同数量可能会有很大的差别，大型建设项目可能会有成百上千个合同。在这其中，业主和承包商是合同关系中最为关键的两个节点。

1. 业主的主要合同关系

业主为实现工程总目标，必须将建设工程的勘察、设计、施工、设备和材料供应、建设过程的咨询与管理等工作委托出去，与有关单位签订如下各种合同：

（1）建设监理合同。是建设单位（委托人）与监理人签订，委托监理人承担工程监理业务而明确双方权利义务关系的协议。

（2）建设工程勘察合同。是建设工程勘察阶段，合同当事人双方就查明、分析、评价建设场地的地质地理环境特征和岩土工程条件而签订的合同。

（3）建设工程设计合同。是建设工程设计阶段，合同当事人双方就建设工程所需的技术、经济、资源、环境等条件进行综合分析、论证而签订的合同。

（4）建设工程施工合同。即业主与工程承包商签订的工程施工协议。由一个或几个承包商承包或分别承包土建、装饰、机械设备安装、电气安装等工程施工。

（5）供应（采购）合同。对由业主负责提供的材料和设备，他必须与有关的材料和设备供应单位签订供应（采购）合同。

（6）咨询合同。是委托人与咨询服务的提供者之间就咨询服务的内容、咨询服务方式等签订的明确双方权利义务关系的协议。

（7）贷款合同。即业主与金融机构签订的合同，由后者向业主提供资金保证。

2. 承包商的主要合同关系

承包商是工程施工的具体实施者，工程承包合同的执行者。承包商通过投标接受业主的委托，签订工程承包合同。承包商在必要时也会将许多专业工作委托出去。因此，承包商也有自己复杂的合同关系。

（1）分包合同。对于一些大的工程，承包商常与其他承包商合作才能完成总包合同责任。承包商可将从业主那里承接到的工程中的某部分工程或工作分包给另一承包商来完成，并与之签订分包合同。分包商仅完成总承包商的分包工程，向承包商负责，与业主无合同关系。承包商仍向业主担负全部工程责任，负责工程的管理和所属各分包商工作之间的协调，以及各分包商之间合同责任界面的划分，同时承担协调失误造成损失的责任，向业主承担工程风险。

（2）供应合同。承包商为工程建设所进行的必要的材料和设备的采购和供应，必须与供应商签订供应合同。

（3）运输合同。承包商为解决材料和设备的运输问题而与运输单位签订的合同。

（4）加工合同。承包商将建筑构配件、特殊构件加工任务委托给加工承揽单位而签订的合同。

（5）租赁合同。在建设工程中，承包商采用租赁方式取得许多施工设备、运输设备、周转材料的使用权，与租赁单位签订的协议。

（6）保险合同。承包商按施工合同要求对工程进行保险，与保险公司签订保险合同。

在一个工程中，这些合同都是为了完成业主的工程项目目标而签订和实施的。由于这些合同之间存在着复杂的内部联系，构成了该工程的合同网络，如图 6-1 所示。

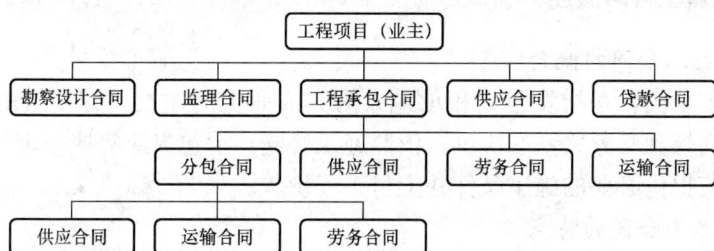

图 6-1　建设工程的主要合同关系

6.1.3　建设工程合同的类型

1. 按承发包的工程范围划分

（1）建设工程总承包合同。发包人将工程建设的全过程，即从工程立项到交付使用全部发包给一个承包人的合同。

（2）建设工程承包合同。发包人将建设工程中勘察、设计、施工等每一项分别发包给一个承包人的合同。

（3）分包合同。经合同约定和发包人认可，从工程承包人承包的工程中承包部分工程而订立的合同。

2. 按完成工程建设阶段划分

可分为建设工程勘察合同、建设工程设计合同、建设工程施工合同。

3. 按付款方式划分

（1）总价合同。总价合同分为可调总价合同和固定总价合同。其中，固定总价合同是最典型的合同类型。固定总价合同要求总价被承包人接受后，除了业主要求建设项目有重大变更以外，一般不允许进行合同价格的调整。这类合同，承包人承担全部的工程量和风险，一般适合工期较短（一般不超过一年）、对工程要求明确的项目。

（2）单价合同。单价合同是指承包人按规定承担报价的风险，即对报价（主要是单价）的正确性和适宜性负责，业主承担工程量变化风险的合同。在合同履行中需要注意的问题是双方对实际工程量计量的确认。它可分为固定单价合同和可调单价合同：

1）固定单价合同：合同单价固定，不因物价变化而调整，承包人承担物价上涨的风险。

2）可调单价合同：单价可以随市场物价指数的变化而进行调整。

（3）成本加酬金合同。成本加酬金合同是由发包人向承包人支付工程项目的实际成本，并按事先约定的某一种方式支付酬金的合同类型。在这种合同中，发包人承担实际发生的一切费用，承担项目的全部风险。而承包人由于无风险，其报酬往往较低。这类合同的缺点是发包人对工程总造价不易控制，承包人也往往不注意降低项目成本。

目前流行的主要有如下几种形式：成本加固定费用合同、成本加定比费用合同、成本加奖金合同、成本加保证最大酬金合同、工时及材料补偿合同等。

6.2 建设工程施工合同

6.2.1 建设工程施工合同概述

1. 建设工程施工合同的概念

建设工程施工合同，是指发包人和承包人为完成商定的建设工程项目的建筑、安装任务，明确相互之间权利义务关系的协议。依照施工合同，承包人应完成一定的建筑、安装工程任务，发包人应提供必要的施工条件并支付工程价款。

2. 建设工程施工合同的特点

建设工程施工合同是建设工程合同的主要合同，它除了建设工程合同的基本特征外，还有以下特点：

（1）合同主体的严格性。合同的主体必须具有履约能力。发包人一般只能是经过批准进行工程项目建设的法人，承包人必须具备法人资格并拥有从事勘察、设计、施工等工作的资质。无营业执照或无承包资质的单位不得作为建设工程施工合同的主体，资质等级低的单位不能越级承包建设工程。

（2）合同标的的特殊性。施工合同的标的是各类建筑产品，而建筑产品和其他产品相比具有固定性、形体庞大、生产的流动性、单件性、生产周期长等特点。这些特点决定了施工合同标的特殊性。

（3）合同的内容繁杂。由于施工合同标的的特殊性，合同涉及的方面多，涉及到多种主体以及他们之间的经济、法律关系，这些方面和关系都要求施工合同内容尽量详细，导致了施工合同内容的繁杂。

（4）合同履行期限的长期性。由于工程建设的工期一般较长，再加上必要的施工准备时间和办理竣工结算及保修期的时间，决定了施工合同的履行期限具有长期性。

（5）合同形式的特殊要求。考虑到建设工程的重要性和复杂性，在建设过程中经常会发生影响合同履行的纠纷，因此，建设工程施工合同应当采取书面形式。

（6）合同监督严格。由于施工合同的履行对国家的经济发展、人民的工作和生活都有重大的影响，国家对施工合同实施非常严格的监督。在施工合同的订立、履行、变更、终止全过程中，除了要求合同当事人对合同进行严格的管理外，合同的主管机关（工商行政管理机构）、建设行政主管机关、金融机构等都要对施工合同进行严格的监督。

3. 建设工程施工合同的作用

（1）明确了承发包人双方在施工中的权利和义务。施工合同一经签订即具有法律效力。承包人和发包人应当认真履行各自的义务，任何一方违反合同规定的内容，都必须承担相应的法律责任。

（2）有利于对施工的管理。合同当事人对工程施工的管理应当以施工合同为依据。

（3）有利于建筑市场的培育和发展。在市场经济条件下，合同是维系市场正常运转的主要因素，因此，培育和发展建筑市场，首先要培育合同意识。

（4）进行监理的依据和推行监理制度的需要。建设监理制度是工程建设专业化、社会化的结果，在这一制度中，建设方、施工方、监理方三者之间的关系是通过工程建设监理合同和施工合同来确定的。

6.2.2　建设工程施工合同文本

1.《建设工程施工合同（示范文本）》简介

为了规范合同当事人的行为，完善社会主义市场经济条件下的建设合同制度，解决施工合同中文本不规范、条款不完备、合同纠纷多等问题，原建设部、国家工商行政管理局于1991 年发布，并于 1999 重新修订，形成了现在一直使用的《建设工程施工合同（示范文本）》（以下简称《施工合同文本》）。它是各类公用建筑、民用住宅、工业厂房、交通设施及线路管理施工和设备安装的样本。

《施工合同文本》由《协议书》、《通用条款》、《专用条款》三部分及三个附件组成，三个附件分别是《承包人承揽工程项目一览表》、《发包人供应材料设备一览表》和《工程质量保修书》。

《协议书》是《施工合同文本》中总纲性的文件，规定了合同当事人双方最主要的权利和义务，规定了组成合同的文件及合同当事人对履行合同义务的承诺，并且合同当事人在该文件上签字盖章，具有很高的法律效力。

《通用条款》是根据《合同法》、《建筑法》、《建设工程施工合同管理办法》等法律、法规对承发包双方的权利义务作出的规定，具有很强的通用性，基本适用于各类建设工程。除双方协商一致对其中的某些条款作了修改、补充或取消外，双方都必须履行。

《专用条款》是对《通用条款》中规定的内容的确认和具体化，它的条款号与《通用条款》相一致，但主要是空格，由合同双方根据企业实际情况和工程项目的具体特点，经协商达成一致的内容。在《通用条款》中讲得较笼统的、普遍的或者不够明确的问题在专用条款中要作出确认和补充。

《施工合同文本》的三个附件是对施工合同当事人的权利义务的进一步明确，并且使得施工合同当事人的有关工作一目了然，便于执行和管理。

2. 施工合同文件的组成及解释顺序

组成建设工程施工合同的文件包括：①施工合同协议书。②中标通知书。③投标书及其附件。④施工合同专用条款。⑤施工合同通用条款。⑥标准、规范及有关技术文件。⑦图样。⑧工程量清单。⑨工程报价单或预算书。

在合同履行过程中，双方有关工程的签证（洽商）、变更等书面协议或文件也构成对双方有约束力的合同文件，将其视为协议书的组成部分。

上述合同文件原则上应能够互相解释、互相说明。当合同文件中出现不一致时，上面的顺序就是合同的优先解释顺序。当合同文件出现含糊不清或当事人有不同理解时，按照合同争议的解决方式处理。

6.2.3 建设工程施工合同文本的主要条款

1. 合同双方的一般权利和义务

（1）发包人工作。发包人是指在协议书中约定，具有工程发包主体资格和支付工程价款能力的当事人及其合法继承人。在我国，发包人可能是工程的业主，也可能是工程的总承包单位。

发包人应按专用条款约定的内容和时间，分阶段或一次完成以下的工作：

1）办理土地征用、拆迁补偿、平整施工现场等工作，使施工场地具备施工条件，在开工后继续解决相关的遗留问题。

2）将施工所需水、电、电信线路从施工场地外部接至专用条款约定地点，并保证施工期间的需要。

3）开通施工场地与城乡公共道路的通道，以及专用条款约定的施工场地内的主要交通干道，满足施工运输的需要，并保证施工期间的畅通。

4）向承包人提供施工场地的工程地质和地下管线路资料，对资料的正确性负责。

5）办理施工许可证及其他施工所需证件、批件和临时用地、停水、停电、中断道路交通、爆破作业等的申请批准手续（证明承包人自身资质的证件除外）。

6）确定水准点与坐标控制点，以书面形式交给承包人，进行现场交验。

7）组织承包人和设计单位进行图纸会审和设计交底。

8）协调处理施工场地周围地下管线和邻近建筑物、构筑物（包括文物保护建筑）、古树名木的保护工作，承担有关费用。

9）发包人应做的其他工作，双方在专用条款内约定。

上述这些工作也可以在专用条款中约定由承包人承担，但由发包人承担相关费用。

发包人如果不履行上述各项义务，导致工期延误或给承包人造成损失，发包人应赔偿承包人有关损失，延误的工期相应顺延。

（2）承包人的工作。承包人指在协议书中约定，被发包人接受的具有工程承包主体资格的当事人及其合法继承人。

承包人按专用条款约定的内容和时间完成以下的工作：

1）根据发包人委托，在其设计资质等级和业务允许的范围内，完成施工图设计或与工程配套的设计，经工程师确认后使用，发包人承担由此发生的费用。

2）向工程师提供年、季、月度工程进度计划及相应进度统计报表。

3）根据工程需要，提供和维修夜间施工使用的照明、围栏设施，并负责安全保卫。

4）按专用条款约定的数量和要求，向发包人提供施工场地办公和生活的房屋及设施，发包人承担由此发生的费用。

5）遵守政府有关主管部门对施工场地交通、施工噪音以及环境保护和安全生产等的管理规定，按规定办理有关手续，并以书面形式通知发包人，发包人承担由此发生的费用，因承包人责任造成的罚款除外。

6）已竣工工程未交付发包人之前，承包人按专用条款约定负责已完工程的保护工作，保护期间发生损坏，承包人自费予以修复，发包人要求承包人采取特殊措施保护的工程部位和相应的追加合同款项，双方在专用条款内约定。

　　7）按专用条款约定做好施工场地地下管线和邻近建筑物、构筑物（包括文物保护建筑）、古树名木的保护工作。

　　8）保证施工场地清洁符合环境卫生管理的有关规定，交工前清理现场达到专用条款约定的要求，承担因自身原因违反有关规定造成的损失和罚款。

　　9）承包人应做的其他工作，双方在专用条款内约定。

　　承包人未能履行上述条款各项义务，造成发包人损失的，承包人赔偿发包人有关损失。

　　（3）工程师的产生及职责

　　1）工程师的产生。工程师包括监理单位委派的总监理工程师或者发包人指定的履行合同的负责人两种情况。

　　①发包人委托监理。实行工程监理的，发包人应在实施监理前将委托的监理单位名称、监理内容及监理权限以书面形式通知承包人。

　　监理单位委派的总监理工程师在本合同中称工程师，其姓名、职务、职权由发包人承包人在专用条款内写明。工程师按合同约定行使职权，发包人在专用条款内要求工程师在行使某些职权前需要征得发包人批准的，工程师应征得发包人批准。

　　②发包人派驻代表。发包人派驻施工场地履行合同的代表在本合同中也称工程师，其姓名、职务、职权由发包人在专用条款内写明，但职权不得与监理单位委派的总监理工程师职权相互交叉。双方职权发生交叉或不明确时，由发包人予以明确，并以书面形式通知承包人。

　　2）工程师的职责

　　①工程师委派工程师代表。工程师可委派工程师代表，行使合同约定的自己的职权，并可在认为必要时撤回委派。委派和撤回均应提前 7 天以书面形式通知承包人，负责监理的工程师还应将委派和撤回通知发包人。委派书和撤回通知作为本合同附件。

　　②工程师发布指令。工程师的指令、通知由其本人签字后，以书面形式交给承包人代表，承包人代表在回执上签署姓名和收到时间后生效。确有必要时，工程师可发出口头指令，并在 48 小时内给予书面确认，承包人对工程师的指令应予执行。工程师不能及时给予书面确认，承包人应于工程师发出口头指令后 7 天内提出书面确认要求。工程师在承包人提出确认要求后 48 小时内不予答复，应视为承包人要求已被确认。承包人认为工程师指令不合理，应在收到指令后 24 小时内提出书面申告，工程师在收到承包人申告后 24 小时内作出修改指令或继续执行原指令的决定，并以书面形式通知承包人。紧急情况下，工程师要求承包人立即执行指令或承包人虽有异议，但工程师决定仍继续执行指令，承包人应予执行。因指令错误发生的费用和给承包人造成的损失由发包人承担，延误的工期相应顺延。

　　工程师代表在工程师授权范围内向承包人发出的任何书面形式的函件，与工程师发出的函件具有同等效力。承包人对工程师代表向其发出的任何书面形式的函件有疑问时，可将此函件提交工程师，工程师应进行确认。工程师代表发出指令有失误时，工程师应进行纠正。

　　除工程师或工程师代表外，发包人派驻工地的其他人员均无权向承包人发出任何指令。

　　工程师应按合同约定，及时向承包人提供所需指令、批准并履行其他约定的义务。由于工程师未能按合同约定履行义务造成工期延误，发包人应承担延误造成的追加合同价款，并赔偿承包人有关损失，顺延延误的工期。

　　③工程师作出处理决定。合同履行中，发生影响发包人承包人双方权利或义务的事件

时，负责监理的工程师应依据合同在其职权范围内客观公正地进行处理。一方对工程师的处理有异议时，按合同所确定的争执解决程序处理。

除合同内有明确约定或经发包人同意外，负责监理的工程师无权解除本合同约定的承包人的任何权利与义务。

3）工程师易人。如需更换工程师，发包人应至少提前7天以书面形式通知承包人，后任继续行使合同文件约定的前任的职权，履行前任的义务。

（4）项目经理的工作。项目经理是承包人指定，并在专用条款中写明的负责施工管理和合同履行的代表。项目经理一经确定，承包人不得随意更换。承包人如需更换项目经理，应至少提前7天以书面形式通知发包人，并征得发包人同意。后任继续行使合同文件约定的前任的职权，履行前任的义务。发包人可以与承包人协商，建议更换其认为不称职的项目经理。

项目经理在施工合同履行中应当完成以下职责：

1）代表承包人向发包人提出要求和通知。项目经理有权代表承包人依据合同提出要求和发出通知，以书面形式签字后送交工程师，工程师在回执上签署姓名和收到时间后生效。

2）组织施工。项目经理按发包人认可的施工组织设计（施工方案）和工程师依据合同发出的指令组织施工。在情况紧急且无法与工程师联系时，项目经理应当采取保证人员生命和工程、财产安全的紧急措施，并在采取措施后48小时内向工程师送交报告。责任在发包人或第三人，由发包人承担由此发生的追加合同价款，工期相应顺延；责任在承包人，由承包人承担费用，不顺延工期。

2. 工期与施工组织设计

（1）工期

1）合同工期，指在协议书中约定，按总日历天数（包括法定节假日）计算的承包天数。合同中时间计数有天或小时。

2）开工日期，指双方在协议书中约定的，承包人开始施工的绝对或相对的日期。施工合同关于开工有如下规定：

①承包人应当按照协议书约定的开工日期开工。

②承包人不能按时开工，应当不迟于协议书约定的开工日期前7天，以书面形式向工程师提出延期开工的理由和要求。工程师应当在接到延期开工申请后的48小时内以书面形式答复承包人，工程师在接到延期开工申请后48小时内不答复，视为同意承包人要求，工期相应顺延。工程师不同意延期要求或承包人未在规定时间内提出延期开工要求，工期不予顺延。因发包人原因不能按照协议书约定的开工日期开工，工程师以书面形式通知承包人后，可推迟开工日期。发包人承担承包人因此发生的损失，工期相应顺延。

3）竣工日期，指双方在协议书中约定的，承包人完成承包范围内的工程的绝对或相对的日期。实际竣工日期为承包人送交竣工验收报告日期。如果承包人工程没有达到合同所规定的竣工要求，需修改后才能达到验收要求的，应为承包人修改后提请发包人验收的日期。

承包人必须按照协议书约定的竣工日期或工程师同意顺延的工期竣工。

（2）进度计划

1）承包人应按专用条款约定的日期，将施工组织设计和工程进度计划提交工程师。工程师应按专用条款约定的时间予以确认或提出修改意见，逾期不确认也不提出书面意见时，视为已经同意。

2）群体工程中采取分阶段进行施工的工程，承包人应按照发包人提供图纸及有关资料的时间，分阶段编制进度计划，其具体内容双方在专用条款中约定。

3）承包人必须按工程师确认的进度计划组织施工，接受工程师对进度的检查、监督。工程实际进度与已确认的进度计划不符，承包人应按工程师的要求提出改进措施，经工程师确认后执行。

（3）暂停施工

1）工程师认为确有必要时，应以书面形式要求承包人暂停施工，并在提出要求后 48 小时内提出书面处理意见。承包人应当按工程师要求停止施工，并妥善保护已完工工程。承包人实施工程师作出的处理意见后，可提出书面复工要求，工程师应当在 48 小时内给予答复。工程师未能在规定时间内提出处理意见，或收到承包人复工要求后 48 小时内未予答复，承包人可自行复工。

2）因发包人责任停工，由发包人承担所发生的追加合同价款，工期相应顺延；因承包人责任停工，由承包人承担发生的费用，工期不予顺延。

（4）工期延误。因以下原因造成工期延误，经工程师确认，工期相应顺延：

1）发包人不能按专用条款的约定提供图纸及开工条件。

2）发包人不能按约定日期支付工程预付款、进度款，致使工程不正常进行。

3）工程师没能按合同约定提供所需指令、标准等，致使施工不能正常进行。

4）设计变更和工程量变化。

5）一周内非承包人原因停水、停电、停气造成停工累计超过 8 小时。

6）不可抗力。

7）专用条款中约定或工程师同意工期顺延的其他情况。

承包人在以上情况发生后 14 天内，就延误的工期向工程师提出书面报告。工程师在收到报告后 14 天内予以确认，逾期不予确认，视为同意顺延工期。

因承包人原因延误工期，在采取补救措施后仍然不能按协议书约定日期竣工的，承包人承担违约责任。

（5）工期提前。施工中发包人如需提前竣工，双方协商一致后应签订提前竣工协议，作为合同文件组成部分。提前竣工协议包括承包人为保证工程质量和安全采取的措施、发包人为赶工提供的条件以及赶工所需的追加合同价款。

3. 质量控制与检验

质量控制是合同履行的重要环节，涉及到许多方面的因素，任何一方面的缺陷和疏漏，都会使工程质量无法达到预期的标准。

（1）工程质量的规定：

1）工程质量应当达到协议书约定的质量标准，质量标准的评定以国家或专业的质量检验评定标准为依据。

2）因承包人原因，工程质量达不到约定的标准，承包人应承担违约责任。

3）双方对工程质量有争议，由专用条款约定的工程质量监督管理部门调解。调解所需费用及因此造成的损失，由责任方承担。双方均有责任，由双方根据其责任分别承担。

（2）检查和返工。在施工过程中对工程实施检查，是工程师及其委派人员的一项日常性工作和重要职能。承包人应认真按照标准、规范和设计要求以及工程师依据合同发出的指令施工，随时接受工程师及其委派人员的检查检验，为检查检验提供便利条件，并按工程师及其委派人员的要求返工、修改，承担由于自身原因导致返工、修改的费用，工期不予顺延。

工程师的检查检验不应影响施工正常进行。如影响施工正常进行，检查检验不合格时，影响正常施工的费用由承包人承担。除此之外，影响正常施工的追加合同价款由发包人承担，工期相应顺延。

因工程师指令失误或其他非承包人原因发生的追加合同价款，由发包人承担。

(3) 隐蔽工程和中间验收。由于隐蔽工程在施工中一旦完成隐蔽，很难再对其进行质量检查（这种检查成本很大），因此必须在隐蔽前进行检查验收。对于中间验收，合同双方应在专用条款中约定需要进行中间验收的单项工程和部位的名称、验收的时间和要求，以及发包人应提供的便利条件。

1) 工程具备隐蔽条件或达到专用条款约定的中间验收部位，承包人进行自检，并在隐蔽或中间验收前48小时内以书面形式通知工程师验收。通知包括隐蔽和中间验收的内容、验收时间和地点。承包人准备验收记录，验收合格，工程师在验收记录上签字后，承包人可进行隐蔽和继续施工。验收不合格，承包人在工程师限定的时间内修改后重新验收。

2) 工程师不能按时进行验收，应在验收前24小时以书面形式向承包人提出延期要求，延期不能超过48小时。工程师未能按以上时间提出延期要求，不进行验收，承包人可自行组织验收，工程师应承认验收记录。

3) 经工程师验收，工程质量符合标准、规范和设计图纸等要求，验收24小时后，工程师不在验收记录上签字，视为工程师已经认可验收记录，承包人可进行隐蔽或继续施工。

(4) 重新检验。无论工程师是否参加验收，当其提出对已经隐蔽的工程重新检验的要求时，承包人应按要求进行剥露，并在检验后重新覆盖或修复。检验合格，发包人承担由此发生的全部追加合同价款，赔偿承包人损失，并相应顺延工期。检验不合格，承包人承担发生的全部费用，工期不予顺延。

(5) 工程试车。对于设备安装工程，应组织试车。双方约定需要试车的，试车内容应与承包人承包的安装范围相一致。

工程试车是指设备安装工程中部分或整体安装完毕后进行的设备试运转，用以检验安装工程质量是否合格。工程试车包括单机无负荷试车、联动无负荷试车和投料试车三种形式。

1) 单机无负荷试车。单机无负荷试车是整个工程中某一部分设备安装完毕，它的开机运转不影响其他设备。

设备安装工程具备单机无负荷试车条件，承包人组织试车，并在试车前48小时以书面形式通知工程师。通知内容包括试车的内容、时间、地点。承包人准备试车记录，发包人根据承包人的要求为试车提供必要条件。试车通过，工程师在试车记录上签字。

2) 联动无负荷试车。联动无负荷试车是整个设备系统都已安装完毕，各部分之间水、气、电管线都已连通，一旦启动，整个系统都处于运转状态。

设备安装工程具备无负荷联动试车条件，由发包人组织试车，并在试车前48小时书面通知承包人。通知内容包括试车的内容、时间、地点和对承包人的要求。承包人按要求做好准备工作和试车记录。试车通过，双方在试车记录上签字。

3）投料试车。投料试车是联动无负荷试车合格后，在系统内投入产品原材料进行试生产。

投料试车，应在工程竣工验收后由发包人负责。如发包人要求在工程竣工前进行或要求承包人配合，应征得承包人同意，另行签订补充协议。

4）双方责任

①由于设计原因试车达不到验收要求，发包人应要求设计单位修改设计，承包人按修改后设计重新安装。发包人承担修改设计、拆除及重新安装的全部费用，工期相应顺延。

②由于设备制造原因试车达不到验收要求，由该设备采购一方负责重新购置或修理，承包人负责拆除和重新安装。由此造成的费用增加和工期拖延，由设备采购者承担。

③由于承包人施工原因试车达不到验收要求，承包人按工程师的要求重新安装和试车，并承担重新安装和试车的费用，工期不予顺延。

④试车费用除已包括在合同价款之内或专用条款另有约定外，均由发包人承担。

⑤工程师在试车合格后不在试车记录上签字，试车结束 24 小时后，视为工程师已经认可试车记录，承包人可继续施工或办理竣工手续。

⑥工程师不能按时参加试车，须在开始试车前 24 小时向承包人提出书面延期要求，延期不能超过两天，工程师未能按以上时间提出延期要求，又不参加试车，应承认试车记录。

（6）材料设备供应控制。一般的建设工程材料和设备供应分为两部分：重要的材料及大件设备由发包人自己供应，而普通的建材及小件设备由承包人供应。实行发包人供应材料设备的，双方应当约定发包人供应材料设备的一览表，作为合同的附件。

1）发包人供应的材料设备。发包人应按合同约定提供材料设备，并向承包人提供产品合格证明，对其质量负责。发包人在所供材料设备到货前 24 小时以书面形式通知承包人，由承包人与发包人共同清点。承包人派人参加清点后应由承包人妥善保管，发包人支付相应保管费用。因承包人原因发生丢失损坏，由承包人负责赔偿。材料使用前，由承包人负责检验或试验，不合格的不得使用，检验或试验费用由发包人承担。

2）承包人采购材料设备。承包人负责采购材料设备的，应按照专用条款约定及设计和有关标准要求采购，并提供产品合格证明，对材料设备质量负责。使用前，承包人应按工程师的要求进行检验或试验，不合格的不得使用，检验或试验费用由承包人承担。根据工程需要，承包人需要使用代用材料时应经工程师认可后才能使用。

4．安全施工

承包人应遵守工程建设安全生产有关管理规定，严格按安全标准组织施工，并随时接受行业安全检查人员依法实施的监督检查，采取必要的安全防护措施，消除事故隐患。由于承包人安全措施不力造成事故的责任和因此发生的费用，由承包人承担。

发包人应对其在施工场地的工作人员进行安全教育，对他们的安全负责，并不得要求承包人违反安全管理的规定进行施工。因发包人原因导致的安全事故，由发包人承担相应责任及发生的费用。

施工开始前，承包人应向工程师提出安全防护措施，经工程师认可后实施，防护措施费用由发包人承担。一旦发生重大伤亡及其他安全事故，承包人应按有关规定立即上报有关部门并通知工程师，同时按政府有关部门要求处理，由事故责任方承担发生的费用。承发包双方对事故责任有争议时，应按政府有关部门的认定处理。

5. 合同价款与支付

（1）合同价款及其调整。合同价款是指在协议书中约定，按有关的取费标准计算，用以支付承包人按照合同要求完成承包范围内全部工程并承担保修责任的价款总额。合同价款一般依据中标通知书中的中标价格确定；对非招标工程，由双方按工程预算书确定。合同价款约定后，任何一方不得擅自更改，但它通常不是最终的合同结算价格。发包人与承包人在签订合同时对于合同价款的约定，可选用固定总价、固定单价或可调价格。

影响合同价格调整的因素包括：

1）国家法律、行政法规和国家政策变化影响合同价格。

2）由国务院各有关部门、县以上各级人民政府建设行政主管部门或其授权的工程造价管理机构公布的价格调整。

3）一周内非承包人原因停水、停电、停气造成停工累计超过 8 小时。

4）双方约定的其他调整因素。

承包人应当在上述情况发生后 14 天内，将调整原因、金额以书面形式通知工程师，工程师确认后作为追加合同价款，与工程款同期支付。工程师收到承包人通知后 14 天内不作答复也不提出修改意见，视为该项调整已经同意。

（2）工程预付款。工程预付款是建设工程施工合同订立后由发包人按照合同约定，在正式开工前预支给承包人的工程款。它是施工准备和所需材料、结构件等流动资金的主要来源，国内习惯上又称为预付备料款。建筑工程一般不超过当年建筑工程工作量的 30%，大量采用预制构件以及工期在 6 个月以内的工程，可以适当增加；安装工程一般不超过当年安装工程量的 10%。

双方应当在专用条款内约定预付工程款的时间和数额，开工后按约定的时间和比例逐次扣回。预付时间应不迟于约定的开工日期前 7 天。发包人不按约定预付，承包人在约定预付时间 7 天后向发包人发出要求预付的通知，发包人收到通知后仍不能按要求预付，承包人可在发出通知后 7 天停止施工，发包人应从约定应付之日起向承包人支付应付款的贷款利息，并承担违约责任。

（3）工程量的确认。承包人应按专用条款约定时间，向工程师提交已完工程量的报告。工程师接到报告后 7 天内按设计图样核实已完工程量（以下称计量），并在计量前 24h 通知承包人，承包人为计量提供便利条件并派人参加。如果承包人收到通知后不参加计量，则发包人可以自行进行计量，其结果有效，作为工程价款支付的依据。

工程师收到承包人报告后 7 天内未进行计量，从第 8 天起，承包人报告中开列的工程量即视为已被确认，作为工程价款支付的依据。工程师不按约定时间通知承包人，使承包人不能参加计量，计量结果无效。工程师对承包人超出设计图纸范围和因自身原因造成返工的工程量，不予计量。

（4）工程款（进度款）支付。纳入工程款（进度款）支付范围的通常包括：

1）在双方计量确认后 14 天内，发包人应向承包人支付工程款（进度款）。

2）按约定时间发包人应按比例扣回的预付款同期结算。

3）按照合同价格调整条款确定的合同价款增减，及由于设计变更调整的合同价款和按其他条款约定的追加合同价款。

发包人超过约定的时间不支付工程款，承包人可向发包人发出要求付款通知；发包人收到承包人通知后仍不能按要求付款，可与承包人协商签订延期付款协议，经承包人同意后可延期支付。协议须明确延期支付时间和从发包人计量签字后第 15 天起计算应付款利息。若双方又未达成延期付款协议，导致施工无法进行，承包人可停止施工，由发包人承担违约责任。

6. 工程变更

（1）工程变更的情况。

1）发包人变更工程的权力。施工中，发包人需对原工程设计进行变更，应不迟于变更前 14 天以书面形式向承包人发出变更通知。变更超过原设计标准或批准的建设规模时，发包人应报规划管理部门和其他有关部门重新审查批准，并由原设计单位提供变更的相应图纸和说明。承包人按工程师发出的变更通知及有关要求，进行下列变更：①增减合同中约定的工程量。②更改工程有关部分的标高、基线、位置和尺寸。③改变有关工程的施工时间和顺序。④其他有关工程变更需要的附加工作。

因变更导致合同价款的增减及造成的承包人损失，由发包人承担，延误的工期相应顺延。

2）承包人变更的要求。施工中承包人不得对原工程设计进行变更。因承包人擅自变更设计发生的费用和由此导致发包人的直接损失，由承包人承担，延误的工期不予顺延。

承包人在施工中提出的合理化建议涉及到对设计图纸或施工组织设计的更改及对原材料、设备的换用，须经工程师同意。未经同意擅自更改或换用时，承包人承担由此发生的费用，并赔偿发包人的有关损失，延误的工期不予顺延。工程师同意采用承包人合理化建议，所发生的费用和获得的收益，合同双方另行约定分担或分享。

3）其他变更。合同履行中发包人要求变更工程质量标准及发生其他实质性变更，由双方协商解决。

（2）变更价款的确定。

1）承包人在工程设计变更确定后 14 天内，提出变更工程价款的报告，经工程师确认后调整合同价款。变更合同价款按下列方法进行：①合同中已有适用于变更工程的价格，按合同已有的价格变更合同价款。②合同中只有类似于变更工程的价格，可以参照此价格变更合同价款。③合同中没有适用或类似于变更工程的价格，由承包人提出适当的变更价格，经工程师确认后执行。

2）承包人在确定变更后 14 天内未向工程师提出变更工程价款报告时，视为该项设计变更不涉及合同价款的变更。

3）工程师应在收到变更工程价款报告之日起 14 天内予以确认。工程师无正当理由不确认时，自变更价款报告送达之日起 14 天后变更工程价款报告自行生效。

4）工程师不同意承包人提出的变更价格，则按合同争执解决程序处理。

5）工程师确认增加的工程变更价款作为追加合同价款，与工程款同期支付。

6）因承包人自身原因导致的工程变更，承包人无权要求追加合同价款。

7. 竣工验收与结算

（1）竣工验收的程序。工程具备竣工验收条件，承包人按国家工程竣工验收有关规定，向发包人提供完整竣工资料及竣工验收报告。双方约定由承包人提供竣工图，应当在专用条款内约定提供的日期和份数。

发包人收到竣工验收报告后 28 天内组织有关部门验收，并在验收后 14 天内给予认可或提出修改意见。承包人按要求修改，并承担由自身原因造成修改的费用。发包人收到承包人送交的竣工验收报告后 28 天内无正当理由不组织验收，或验收后 14 天内不予认可或不提出修改意见，视为竣工验收报告已被认可。发包人收到承包人竣工验收报告后 28 天内不组织验收，从第 29 天起承担工程保管及一切意外责任。因特殊原因，发包人要求部分单位工程或工程部位须甩项竣工时，双方另行签订甩项竣工协议，明确各方责任和工程价款的支付方法。工程未经验收或验收不合格，发包人不得使用。若发包人强行使用，由此发生的质量问题及其他问题由发包人承担责任。

中间交工工程的范围和竣工时间，双方在专用条款内约定，其验收程序与上述程序相同。

（2）竣工结算。竣工结算是指已完工程经有关部门点交验收后承发包双方就最后工程价款进行结算。

1）工程竣工验收报告经发包人认可后 28 天内，承包人向发包人递交竣工结算报告及完整的结算资料，双方按照协议书约定的合同价款及专用条款约定的合同价款调整内容，进行工程竣工结算。工程竣工验收报告经发包人认可后 28 天内，承包人未能向发包人递交竣工结算报告及完整的结算资料，造成工程竣工结算不能正常进行或工程计算价款不能及时支付，发包人要求交付工程的，承包人应当交付；发包人不要求交付工程的，承包人承担保管责任。

2）发包人收到承包人递交的竣工结算报告及结算资料后 28 天内进行核实，给予确认或者提出修改意见。发包人确认竣工的结算报告后通知经办银行向承包人支付工程竣工结算价款。承包人收到竣工结算价款后 14 天内将竣工工程交付发包人。

3）发包人收到竣工结算报告及结算资料后 28 天内无正当理由不支付工程竣工结算价款，从第 29 天起按承包人同期向银行贷款利率支付拖欠工程价款的利息，并承担违约责任。此间，承包人可以催告发包人支付结算价款。发包人在收到竣工结算报告结算资料后 56 天内仍不支付的，承包人可以与发包人协议将该工程折价，也可以由承包人申请人民法院将该工程依法拍卖，承包人就该工程折价或者拍卖的价款优先受偿。

4）承发包人对工程竣工结算价发生争议时，按争议解决条款的约定处理。

（3）质量保修。建设工程办理交工验收手续后，在规定的期限内造成的质量缺陷，按法律、行政法规或国家关于工程质量保修的有关规定，应当由承包人（施工单位）负责维修。

通常，承包人应在工程竣工验收之前，与发包人签订质量保修书，以作为合同的附件。保修工作应按照质量保修书实施。质量保修书的主要内容包括：保修项目内容及范围、质量保证期限、质量保修责任及质量保修金的支付方法等。

承包人向发包人支付质量保修金的比例可由双方约定，但不应超过施工合同价的 5%。工程质量保修期满后 14 天内，发包人应当及时和承包人结算和返还剩余的质量保修金及利息。

8. 风险，违约责任和合同解除

（1）不可抗力。不可抗力是指合同当事人不能预见、不能避免并不能克服的客观情况。建设工程施工中的不可抗力包括因战争、动乱、空中飞行物或其他非合同双方责任造成的爆炸、火灾，以及专用条款约定的风、雨、洪、震等自然灾害。在合同订立时应明确不可抗力的范围。

不可抗力事件发生后，承包人应立即通知工程师，并在力所能及的条件下迅速采取措施，尽力减少损失，发包人应协助承包人采取措施。在不可抗力事件结束后 48 小时内向工程师通报受害情况和损失情况，以及预计清理和修复的费用。如果不可抗力事件持续发生，承包人应每隔 7 天向工程师报告一次受害情况，并于不可抗力事件结束后 14 天内，向工程师提交清理和修复费用的正式报告及有关资料。

因不可抗力事件导致的费用由双方按以下方法分别承担：

1) 工程本身的损害、因工程损害导致第三方人员伤亡和财产的损失，以及运至施工现场用于施工的材料和待安装的设备的损害，由发包人承担。

2) 合同双方人员伤亡由其所在单位负责，并承担相应费用。

3) 承包人机械设备损坏及停工损失，由承包人承担。

4) 停工期间，承包人应工程师要求留在施工现场的必要的管理人员及保卫人员的费用由发包人承担。

5) 工程所需清理、修复费用，由发包人承担。

6) 延误的工期相应顺延。因合同一方延迟履行合同责任后发生不可抗力，不能免除相应的合同责任。

(2) 保险。双方的保险义务分担如下：

1) 工程开工前，发包人应当为建设工程和施工场地内发包人人员及第三方人员生命财产办理保险，支付保险费用。

2) 承包人必须为从事危险作业的职工办理意外伤害保险，并为施工场地内自有人员生命财产和施工机械设备办理保险，支付保险费用。

3) 运到施工现场内用于工程的材料和待安装的设备，无论由承发包双方任何一方保管，都应由发包人办理保险，并支付保险费用。

4) 发包人也可以将上述保险事项委托承包人办理，费用由发包人承担。保险事故发生时，合同双方有责任尽力采取必要的措施，防止或者减少损失；

5) 具体投保内容和相关责任，合同双方在专用条款中约定。

(3) 担保

1) 发包人双方为了保证合同的全面履行，应互相提供以下担保：①发包人向承包人提供履约担保，保证按合同约定支付工程价款及其履行合同规定的其他义务；②承包人向发包人提供履约担保，保证按合同约定履行自己的各项义务。

2) 提供担保的内容、方式和相关责任，合同双方除在专用条款中约定外，被担保方与担保方还应签订担保合同，作为合同的附件。

(4) 施工合同的违约责任。违约责任是指合同一方不履行合同义务，或履行合同义务不符合约定所应承担的责任。

1) 发包人的违约责任。发包人不按合同约定支付各种工程款项或工程师不能及时给出必要的指令、确认等，致使合同无法履行，发包人承担违约责任，赔偿因其违约给承包人造成的经济损失，延误的工期相应顺延。赔偿损失的计算方法，或支付违约金的数额或计算方法，在专用条款内约定。

2）承包人的违约责任。承包人不能按合同工期或工程师同意顺延的工期竣工，工程质量达不到协议书约定的质量标准，或者由于承包人原因致使合同无法履行，承包人承担违约责任，赔偿因其违约给发包人造成的损失。赔偿损失的计算方法，或支付违约金的数额或计算方法，在专用条款内约定。

3）其他规定。一方违约后，另一方可按双方约定的担保条款，要求提供担保的第三方承担相应责任；如果另一方要求违约方继续履行合同时，违约方承担上述违约责任后仍应继续履行合同。

（5）合同解除。在一定条件下，合同没有履行或完全履行，当事人可以解除合同。

1）解除合同的情况。出现下列情形之一的，施工合同可以解除：①合同双方协商一致即可解除合同。②当事人违约时，合同的解除。③因不可抗力，合同的解除合同。④合同完全履行后终止。

2）解除程序。一方依据约定提出解除合同的要求，应向对方发出解除合同的书面通知，并在发出通知前7天告知对方，通知到达对方时合同解除。双方对解除合同有争议的，按解决合同争议程序处理。

3）合同解除后的善后处理。合同解除后，双方在合同中约定的结算和清理条款仍然有效。承包人应妥善做好已完工程和已购材料、设备的保护和移交工作；按发包人要求将自有机械设备和人员撤出施工现场。发包人应为承包人撤出提供必要条件，支付以上所发生的费用，并按合同约定支付已完工程价款。已经订货的材料、设备由订货方负责退货或解除订货合同，不能退还的货款和退货、解除订货合同发生的费用，由发包人承担。但未及时退货造成的损失由责任方承担。有过错一方应当赔偿因解除合同给对方造成的损失。

4）合同终止。合同双方履行合同规定的全部义务，在发包人支付了竣工结算价款，承包人向发包人交付竣工工程后，合同解除，即合同终止。

9. 索赔和争议的解决

（1）索赔是指在合同履行过程中，对于并非自己的过错，而是应由对方承担责任的情况造成的实际损失，向对方提出经济补偿和（或）工期顺延的要求。提出索赔时，要有正当索赔理由，且有索赔事件发生时的有效证据。

发包人未能按合同约定履行自己的各项义务或发生错误以及应由发包人承担的责任的其他情况，造成工期延误和（或）承包人不能及时得到工程款及承包人的其他损失，承包人可以按以下程序向发包人索赔：

索赔事件发生28天内，承包人应向工程师发出索赔意向通知。发出索赔意向通知后28天内，向工程师提交索赔报告及有关资料。工程师在收到承包人送交的索赔报告和有关资料后，于28天内给予答复，或要求承包人进一步补充索赔理由和证据。如果工程师在收到承包人的索赔报告和有关资料后28天内未予答复，视为该项索赔已经认可。当该索赔事件持续进行时，承包人应当相应地向工程师发出索赔意向，在索赔事件终了后28天内，向工程师提供索赔的有关资料和最终索赔报告，索赔答复程序同上。

承包人未能按合同约定履行自己的各项义务或发生错误给发包人造成经济损失，发包人可按上述确定的程序向承包人提出索赔。

（2）争执的解决。合同双方因合同发生争议时，可以通过协商或者要求有关主管部门调解。和解或调解不成的，双方可以在专用条款内约定以下一种方式解决争议：

第一种解决方式：双方达成仲裁协议，向约定的仲裁委员会申请仲裁；

第二种解决方式：向有管辖权的人民法院起诉。

发生争议后，除非出现下列情况的，双方都应继续履行合同，保持施工连续，保护好已完工程：

1）单方违约导致合同确已无法履行，双方协议停止施工。

2）调解要求停止施工，且为双方接受。

3）仲裁机关要求停止施工。

4）法院要求停止施工。

10. 其他内容

（1）工程分包。工程分包是指经合同约定和发包单位认可，从工程承包人承包的工程中承包部分工程的行为。

1）分包合同的签订。承包人按专用条款的约定分包所承包的部分工程，并与分包单位签订分包合同。非经发包人同意，承包人不得将承包工程的任何部分分包。承包人不得将其承包的全部工程转包给他人，也不得将其承包的全部工程肢解以后以分包的名义分别转包给他人。

2）分包合同的履行。工程分包不能解除承包人的任何责任与义务。承包人应在分包场地派驻相应管理人员，保证本合同的履行。分包单位的任何违约行为或疏忽导致工程损害或给发包人造成其他损失，承包人承担连带责任。分包工程价款由承包人与分包单位结算。发包人未经承包人同意不得以任何形式向分包单位支付各种工程款项。

（2）专利技术及特殊工艺。发包人要求使用专利技术或特殊工艺，应负责办理相应的申报手续，承担申报、试验、使用等费用；承包人提出使用专利技术或特殊工艺应取得工程师认可，承包人负责办理申报手续并承担有关费用。擅自使用专利技术侵犯他人专利权的，责任者依法承担相应责任。

（3）文物和地下障碍物。在施工中发现古墓、古建筑遗址等文物及化石或其他有考古、地质研究等价值的物品时，承包人应立即保护好现场并于 4 小时内以书面形式通知工程师，工程师应于收到书面通知后 24 小时内报告当地文物管理部门。承发包人按文物管理部门的要求采取妥善保护措施。发包人承担由此发生的费用，顺延延误的工期。如发现后隐瞒不报，致使文物遭受破坏，承担者依法承担相应责任。

施工中发现影响施工的地下障碍物时，承包人应于 8 小时内以书面的形式通知工程师，同时提出处置方案，工程师收到处置方案后 24 小时内予以认可或提出修改方案，发包人承担由此发生的费用，顺延延误的工期。

6.3　建设工程监理合同

6.3.1　概述

1. 建设监理制

建设监理制是我国建设领域正在推广的一项制度，它是参照国际惯例，按专业化、社会化原则实施的社会监理，及以规划、协调、监督、服务为内容的政府建设监理制度。

所谓建设监理，就是监理的执行者依据建设行政法规和技术标准，综合运用法律、经济、行政和技术手段，进行必要的协调与约束，保障工程建设有序地进行，达到工程建设的投资、建设进度、质量等的最优组合。

建设监理的依据是国家和行业部门有关的方针、政策、法规、标准、规定、定额和经过批准的建设计划、设计文件和经济合同。

根据《工程建设监理规定》，"监理单位承担监理业务，应当与项目法人签订书面工程建设监理合同"，这实际上是为当事人双方之间建立合同关系提供了一个法律的保护基础。

监理单位是指取得监理资质证书，具有法人资格的监理公司、监理事务所和兼营监理业务的工程设备、科学研究及工程建设咨询单位。

2. 建设工程监理合同

建设工程委托监理合同也称建设监理合同或监理合同。它是业主（建设单位）与监理单位之间，为委托监理单位承担特定的工程监理业务而明确双方权利义务关系的协议。

3. 建设工程监理合同的特点

建设工程监理合同除具有一般经济合同的特征，还具有以下自身的特征：

（1）监理合同的主体是业主与监理单位。这里的业主不仅是监理合同的委托人，同时也是建设工程合同的发包人。业主是否具有发包人资格，也同时决定其是否具有订立监理合同的资格。工程监理单位必须是具有相应的资质证书的，能承担该项建设工程的监理业务的单位。工程监理单位与被监理工程的施工承包商以及建筑材料、建筑构配件和设备供应单位有隶属关系或者其他利害关系的，不得承担该项建设工程的监理业务。

（2）监理合同的标的及性质具有特殊性。监理合同的标的是监理单位所提供的服务，即监理工程师凭据自己的知识、经验、技能，受业主委托为其所签订的合同履行实施监督和管理的职责。监理单位所提供的服务并不直接产生客体的物化劳动成果，只是产生于自己的劳动不可分离的服务效益，这一点与其他建设合同不同。勘察、设计、施工合同的标的都是完成特定工作的行为，完成工作体现的是具体的物化劳动成果。

（3）监理单位与业主、承包商之间主体关系的特殊性。监理单位与业主之间属委托与被委托的关系，即监理单位接受委托，通过自己的服务获得酬金，双方之间存在着一定的经济关系；而监理单位与承包商之间属监理与被监理的关系，双方之间并不存在经济利益关系。对于承包商获取的工程利润，监理单位并不参与利润分成。

（4）监理单位地位和行为目的的特殊性。监理单位并不直接经营工程项目，不向业主承包工程造价，仅仅是通过服务获得酬金，如果其提供了优质服务，应该获得业主的奖励。

4. 建设工程监理合同的形式和类别

（1）监理合同的形式。

1）简单的信件式合同。这种方式的合同通常是由监理单位制定，由委托方签署一份备案，退给咨询监理单位执行。

2）委托通知单。这是由委托方发出的执行任务的委托通知单，委托方通常通过通知单的形式，把监理单位在争取委托合同时提出的建议中所规定的工作内容委托给对方，成为对方所接受的协议。

3）标准委托合同格式。国际上许多咨询监理的行业协会或组织，都先后专门制定了一些合同参考格式或标准合同格式。国际咨询工程师联合会即 FIDIC 颁布的《雇主与咨询工程师项目管理协议书国际范本与国际通用规则》［IGRA990PM（简称）］，最新版本是《业主/咨询工程师标准服务协议书》，是国际上普遍采用的一种标准委托合同格式，受到世界银行等国际金融机构以及一些国家政府有关部门的认可。

4）我国监理委托合同示范文本。为适应监理事业发展的需要，更好地规范监理双方当事人的行为，原建设部、国家工商总局于 1995 年联合制定并颁布了 GF—1995—0202《工程建设监理合同》示范文本，又于 2000 年对其进行修订，新颁布实施了 GF—2000—0202《建设工程委托监理合同（示范文本）》。该范本一方面遵循《经济合同法》的基本原则及建设监理的有关法规、方针、政策，结合我国实际情况；另一方面，参照了 FIDIC《业主/咨询工程师服务协议书》，具有国际规范的意义。

我国《合同法》第二百七十六条规定："建设工程实行监理的，发包人应当与监理人采用书面形式订立委托监理合同。"

（2）监理合同的类别。常用的是按照合同内容进行的分类。如果将工程建设划分为建设前期（投资决策咨询）、设计、施工招标、施工等几个阶段，监理合同也可分为这样几类。当然，业主即可委托一个监理单位承担所有阶段的监理业务，也可分别委托几个监理单位承担。

1）建设前期监理合同。监理单位主要从事建设项目的可行性研究并参与设计任务书的编制。

2）设计监理合同。监理单位主要负责审查或评选设计方案，审查设计实施文件，选择勘察、设计单位，代签或参与签订勘察、设计合同或监督合同的实施，代编或代审概、预算等。

3）招标监理合同。监理单位一般负责准备招标文件，代理招标、评标、决标，与中标单位签订工程承包合同等。

4）施工监理合同。在这类监理合同中，监理单位对施工全过程实施监督，负责审查施工组织设计和施工方案，监督施工单位严格按规范、标准施工，审查技术变更，控制工程进度和质量检查安全和防护设施，认定工程质量和数量，审查工程价款，检测原材料和配件质量，验收工程和签发付款凭证，整理合同文件和技术档案，处理质量事故等。

6.3.2　建设工程监理合同文本

1. 文本的组成

GF—2000—0202《建设工程委托监理合同（示范文本）》由建设工程委托监理合同、标准条件和专用条件三部分组成。

（1）建设工程委托监理合同是总的、纲领性的文件，是监理合同标准的格式文件。其主要内容是当事人双方确认的委托监理工程的概况（工程名称、地点、规模、总投资等），合同文件的组成，合同签订、生效和完成时间，合同主体的基本情况等。合同经当事人双方具体编写规定的内容并签字盖章后，即发生法律效力。

（2）标准条件，其性质属于通用条件或共性条件，共四十九条，类似于 FIDIC 红皮书中的通用条件。标准条件适用于各个建设工程项目的监理委托，是所有的工程监理都应遵守的基本内容。其具体内容如下：

1）词语定义、适用语言和法规。

2）监理人义务。

3）委托人义务。

4）监理人权利。

5）委托人权利。

6）监理人责任。

7）委托人责任。

8）合同生效、变更与终止。

9）监理报酬。

10）其他。

11）争议的解决。

（3）专用条件是适用于具体特定工程监理的条件，相对于标准条件，具有特殊性，类似于 FIDIC 的红皮书中的专用条件。由于标准条件适用于所有的建设工程监理委托，因此其中的某些条款规定的比较笼统，在签订具体工程项目的委托监理合同的同时需要使之更加的具体、准确，便于执行。通过专用条件中具体、特殊的规定，使标准条件和专用条件中相同的序号共同组成一条内容完整、具体明确的条款。

2. 文件的组成

根据规定，下列文件均为监理合同的组成部分：

（1）监理投标书或中标通知书。

（2）合同标准条件。

（3）合同专用条件。

（4）在实施过程中双方共同签署的补充与修正文件。

在监理合同的履行中，以上文件都是有效文件，都可作为合同履行的依据。

3. 建设监理合同的内容

（1）词语定义、适用范围和法规。下列名词和用语，除上下文另有规定外，具有如下含义。

1）"工程"是指委托人委托实施监理的工程。

2）"委托人"是指承担直接投资责任和委托监理业务的一方以及其合法继承人。

3）"监理人"是指承担监理业务和监理责任的一方，以及其合法继承人。

4）"监理机构"是指监理人派驻本工程现场实施监理业务的组织。

5）"总监理工程师"是指经委托人同意，监理人派到监理机构全面履行本合同的全权负责人。

6）"承包人"是指除监理人以外，委托人就工程建设有关事宜签订合同的当事人。

7）"工程监理的正常工作"是指双方在专用条件中约定，委托人委托的监理工作范围和内容。

8）"工程监理的附加工作"是指：①委托人委托监理范围以外，通过双方书面协议另外增加的工作内容。②由于委托人或承包人原因，使监理工作受到阻碍或延误，因增加工作量或持续时间而增加的工作。

9）"工程监理的额外工作"是指正常工作和附加工作以外，根据第三十八条规定监理人必须完成的工作，或非监理人自己的原因而暂停或终止监理业务，其善后工作及恢复监理业务的工作。

10）"日"是指任何一天零时至第二天零时的时间段。

11）"月"是指根据公历从一个月份中任何一天开始到下一个月相应日期的前一天的时间段。

其中 2）、3）、4）、5）、6）是对监理合同主体双方的规定，鉴于此，无论是委托方还是监理方，未经对方的书面同意，均不能将所签订合同中的权利和义务转让给第三者，而单方面变换合同主体；1）、7）、8）、9）是对监理合同标的的规定。

（2）当事人双方的权利和义务

1）监理单位的义务：①按合同约定，派出监理工作需要的监理机构及监理人员，尽职尽责地提供监理服务，圆满地完成监理义务；②为委托人提供与其水平相适应的咨询意见，公正地维护各方的合法权益；③做好与本工程、本合同业务有关的资料的保密工作；④使用委托人提供的设施和物品属委托人的财产，在合同期内或合同终止后归还剩余工作用品。

2）委托人义务：①支付预付款。②做好工程的外部协调工作。③免费提供工程资料及有关单位的名录。④就有关事宜及时作出书面决定。⑤选定合适的常驻代表。⑥将监理单位的权利及职能分工及时通知第三方。⑦免费提供约定的设施。⑧提供职员和服务人员。

3）监理人权利。监理人作为合同中提供服务的主体一方，按照经济合同法的规定，具有自身应有的基本权利。

①获取监理酬金和奖励的权利。监理单位完成监理任务后，可获得完成合同内规定的正常监理任务酬金，如果完成附加服务和额外服务工作，有权按照专用条件中约定的计算方法，得到额外的时间酬金。

②工程监督管理的权利，包括：选择工程总承包人的建议权；选择工程分包人的认可权；对工程建设有关事项的建议权；对工程设计中的技术问题的建议权；对工程施工组织设计和技术方案的审批权；对工程建设有关协作单位的组织协调权；开工令、停工令、复工令等发布权；工程上使用的材料和施工质量的检验权；工程施工进度的检查、监督权、签认权；工程款支付的审核和签认权，以及工程结算的复核确认权与否决权；作出工程变更的权利；争议的调解和举证的权利等。

③终止合同的权利。如果由于业主违约拖欠应付监理单位的酬金，或由于非监理方责任而使监理服务暂停的期限超过半年以上，监理单位可按照终止合同规定的程序，向业主发出终止合同的通知，以保护自己的合法权益。如通知发出后 14 日内未得到答复，第二次通知后 42 日内仍未得到业主答复即可终止合同，或者自行暂停或继续暂停执行全部或部分监理任务。

4）委托人权利：①选定工程总承包人，以及与其订立合同的权利。②对工程规模、设计标准、规划设计、生产工艺设计和设计使用功能要求的认定权，以及对工程设计变更的审批权。③委托监理工程重大事项的决定权，如监理人调换总监理工程师须事先经委托人同意。④对监理人履行合同的监督和控制权。

（3）违约责任

1）一般违约责任。在合同责任期内，如果监理人未按合同中的要求尽职尽责地服务；或委托人未履行对监理人的承诺时，均应向对方承担赔偿责任；赔偿的累计数额不应超过专用条款中规定的最大赔偿限额；对监理人一方，其赔偿总额不应超出监理酬金总额（除去税金）。

2）不合理索赔的违约责任。当一方向另一方提出的索赔要求不成立时，提出索赔的一方应补偿由此所导致的对方支出的各种费用。

3）违约责任的免除。监理人对第三方违反合同规定的质量要求和完工时限，不承担责任；因不可抗力导致监理合同不能全部或部分履行，监理人不承担责任。

（4）争议的解决。因违反或终止合同而引起的对于对方损失和损害的赔偿，双方应当协商解决，如未能达成一致，可提交主管部门协调，如仍未能达成一致时，根据双方约定提交仲裁机关仲裁，或向人民法院起诉。

6.3.3　建设工程委托监理合同的订立和履行

1. 建设监理合同的订立

监理合同的签订遵守一般经济合同签订的法定程序。在签订合同前，要做好充分的前期考察工作，一方面是即将成为合作伙伴的主体之间的考察，即签约双方应对对方的资格、资信及履约能力等情况进行充分的调查了解；另一方面是监理人对建设项目的考察。

（1）考察

1）合同主体的考察。

①业主对监理单位的资格考察。监理单位必须有经建设主管部门审查并签发的具有承担监理合同内规定的建设工程资格的资质等级证书；必须是经工商行政管理机关审查注册，取得营业执照，具有法人资格的正式企业；具有对拟委托的建设工程监理的业务水平和实际能力。此外，还应了解监理单位以往的监理经历和业绩，类似业务的完成情况，有无重大失误或事故，单位本身的经济状况，内部的财务管理情况，尤其是近几年的经济效益，总体的社会信誉。业主对监理单位的资格预审，可以通过招标预选进行，也可通过社会调查进行。

②监理单位对业主的考查。监理单位应当了解业主是否具有签订监理合同合法的主体资格，是否具有与拟签订合同相当的财产和经费，社会信誉等。

2）监理单位对工程项目的考察。监理单位应考察拟委托工程项目的合法性，其投资来源及状况，资金是否落实；了解项目本身的情况和对监理的具体要求，权衡完成该项目监理的可行性等。

此外，监理单位还应了解承包商的基本情况，比如资质等级、业务水平、技术力量、经济情况等；以往的建筑业绩；其业务方面的长处与不足；以往在与别的监理单位的合作中的风格、态度和惯常做法等。总之，充分了解对方的情况及任务情况，有助于前期决策和后期合作。

（2）起草合同。依照范本起草合同有利于帮助当事人正确地签订合同，避免合同条款的不完备，意思表示不准确而产生纠纷，从而保护当事人的合法权益。

（3）认真审查合同内容、签订合同

1）对照示范文本，完善合同缺陷。一般合同的缺陷通常有：合同结构有缺陷；合同条款中内容缺陷；合同中某些内容含糊、概念不清、双方的责权关系不明确；合同文件和条款之间的矛盾性；主体双方对合同内容的理解有差异等。因此要注意在签约前，双方就合同条款充分理解、沟通。

2）努力争取自己的合法权益。虽然在法律上明确规定了合同中主体之间地位平等和对等的责权，但在合同的签订和履行中往往有些合同主体总是难于实现"平等"和"权利"，这是因为合同主体自身理解法律、运用法律的经验水平和能力所导致，即主体不能够很好地去争取自己的合法权益。所以，作为合同主体，要从各方面努力争取在合同中确定自己的合法权益。

3）保证签约前做最后一次核查。核查的重点是：前面合同审查所发现的问题是否都有了落实，得到解决，或都已处理过；不利的、苛刻的条款是否都已做了修改，以及经过修改或补充的合同条文与原来合同条款之间是否有矛盾和不一致等。

4）签订合同。

2. 合同的履行

委托和和监理人都应严格按合同的约定履行各自的义务，以使对方实现自己的权利。

小　　结

在人们的社会经济生活中，合同是普遍存在的且重要的。合同作为契约的一种，是平等主体的自然人、法人、其他经济组织之间为实现某个目的建立、变更、终止民事法律关系的协议，必须遵循平等、自愿、公平、诚实信用等基本原则。

一个建设工程项目的实施，涉及的建设内容很多，往往需要许多单位以合同形式明确各方承担的任务和责任以及所拥有的权利。在一个工程中，这些合同都是为了完成业主的工程项目目标而签订和实施。由于这些合同之间存在着复杂的内部联系，构成了该工程的合同网络。

根据合同中的任务来划分，勘察合同、设计合同、施工承包合同属于建设工程合同，工程监理合同、咨询合同等属于委托合同，还有诸如运输、加工、租赁、贷款、保险等合同。根据承发包的工程范围不同，建设工程合同可以分为建设工程总承包合同、建设工程承包合同及分包合同。按付款方式不同，分为总价合同、单价合同及成本加酬金合同等。

建设工程施工合同是发包人和承包人，为完成商定的建设工程项目的建筑、安装任务，明确相互之间权利、义务关系的协议。我国现在一直使用的《施工合同文本》，是各类公用建筑、民用住宅、工业厂房、交通设施及线路管理的施工和设备安装的样本。它由《协议书》、《通用条款》、《专用条款》三部分及三个附件（《承包人承揽工程项目一览表》、《发包人供应材料设备一览表》和《工程质量保修书》）组成。建设工程施工合同一般采取书面形式订立。

建设监理制是我国建设领域的一项制度，监理单位承担监理业务，应当与项目法人签订书面工程建设监理合同。建设工程委托监理合同是业主与监理单位之间，为委托监理单位承担特定的工程监理业务而明确双方权利义务关系的协议。

监理合同包括了简单的信件式合同、委托通知单、标准委托合同格式及我国监理委托合同示范文本等形式。GF—2000—0202《建设工程委托监理合同（示范文本）》由建设工程委托监理合同、标准条件和专用条件三部分组成。

监理合同的签订遵守一般经济合同签订的法定程序。在签订合同前，要做好充分的前期考察工作。签订合同后，委托和和监理人都应严格按合同的约定履行各自的义务，以使对方实现自己的权利。

习　题

1. 什么是合同？合同的订立应遵循什么原则？
2. 合同的形式有哪些？合同一般包括什么内容？
3. 建设工程合同有哪些类型？
4. 试对总价合同和单价合同进行比较。
5. 简述建设工程施工合同的特点。
6. 简述建设工程施工合同条件中业主的权利和义务。
7. 简述建设工程施工合同条件中承包商的权利和义务。
8. 简述建设工程施工合同条件中工程师的职责。
9. 简述建设工程施工合同条件中关于工程变更的规定。
10. 什么是不可抗力？因不可抗力事件导致的费用应如何分担？
11. 简述建设工程委托监理合同条件中监理人的权利和义务。
12. 建设工程委托监理合同的订立应注意哪些问题？

第7章 FIDIC 合同简介

【**学习目标**】 了解 FIDIC 合同的特点、组成；熟悉 FIDIC《施工合同条件》的基本内容；通过在相关媒体上收集资料，对 FIDIC 合同有初步的认识。

7.1 FIDIC 合同简介

7.1.1 FIDIC 合同的特点

"FIDIC"是国际咨询工程师联合会（Federation Internationale des Ingenieurs Conseils）的英文缩写，有人称 FIDIC 是国际承包工程的"圣经"。在国际上它具有很高的权威性，其成员为各国的和地区的咨询工程师协会。

FIDIC 专业委员会编制了许多规范性的文件，其中应用较广的就包括《土木工程施工合同条件》。FIDIC 合同条件是世界各国土木工程建设、管理百余年经验的总结，科学地把土建工程权益、技术、管理、经济、法律有机地结合在一起，用合同的形式固定下来，详细地规定了业主、监理工程师和承包商的责任、义务和权利。

从国内普遍熟悉的概念来看，FIDIC 合同所独有的特点是：

（1）引入介于业主与承包商之间的咨询工程师管理合同，从而加强了项目实施过程中的控制。同时咨询工程师还负责核批验工计价，指令工程变更及发出点工等，其工作原则是独立、公正和不偏不倚，其工作内容和地位与我们国家的监理工程师有所区别。

（2）FIDIC 合同是由英国 ICE 合同演变派生出来的，因而带有很浓的英国色彩。最大的特点是工程量价 B. Q. 单，而且 B. Q. 单中所填报的单价在整个合同的执行过程中并不发生变化。项目是采用核验完工工程数量后，再乘以这些单价的方式，向承包商支付应得款项。

（3）投标报价时，承包商按 B. Q. 单计算得出的合同总价仅仅是一个参考数值。项目实施时，业主是按照据实测量得出的数额进行支付，这也就是为什么称 FIDIC 合同是"复测合同"（Remeasurement Contract）的原因了。

（4）业主在承包商选择其分包商的问题上有着很大的发言权，包括可以在投标前或签约后指定分包商，并有权在特殊情况下直接付款给分包商。

（5）对于可能出现的意外风险问题，原则上是由业主承担，其指导思想是承包商的报价中不应该也不可能把所有无法预见的风险全部考虑到报价中去。

还有，FIDIC 合同的工作语言是英文，所以使用 FIDIC 合同最好是懂得英文。

7.1.2 FIDIC 合同的简介

FIDIC《土木工程施工合同条件》是单价合同，通过验工计价的方式来支付工程款。

国际承包工程行业涉及的 FIDIC 合同,主要是土木工程方面的,封皮是红色的,通常称作"红皮书",正式名称为《土木工程施工合同条件》(Conditions of Contract for Works of Civil Engineering Construction);机电工程方面的,常称"黄皮书",正式名称为《机电工程合同条件》(Conditions of Contract for Electrical and Mechanical Works);再有就是白色封皮的,是设计咨询方面的,也叫"白皮书",正式名称为《业主与咨询工程师服务协议模式》(Client/Consultant Model Service Agreement);交钥匙工程专有一个《设计、施工及交钥匙合同条件》(Conditions of Contract for Design-Build and Turnkey)通常称为"橙皮书"。

承包项目一般用到的都是红皮 FIDIC,是土建工程的;但是如果是机电设备供货,使用信用证付款方式的,一般用的都是黄皮 FIDIC。例如有一个输电线项目,用的就是黄皮 FIDIC,因为这个项目供货成分大,若土建部分比重大,就要用红皮 FIDIC 了。

FIDIC 的鼻祖是 ICE,也就是说,先有 ICE,后有 FIDIC。ICE 是英国土木工程师协会(Institution of Civil Engineers)的英文缩写。但值得特别一提的是,ICE 与 FIDIC 有着本质上的区别,ICE 是亲业主的,它侧重于维护甲方业主的利益;FIDIC 是亲承包商,它维护乙方承包商的利益更多。也就是说如果你是承包商,你会尽量向业主推荐使用 FIDIC;如果你是业主或向外分包,就一定要用 ICE。

FIDIC 和 ICE 都属于普通法(Common Law)体系,是判例法,属不成文法,英国现行的普通法。而中国法律属于大陆法(Continental Law)体系,是成文法,就是说凡事都要有明确的书面规定和条文,下分为民法、刑法和商法等。普通法是遵循先例为准的原则,有些类似我们讲的前车之鉴,简单地说,就是强调前边的,后边的案子就照着判。例如抵押贷款,若借款人到时还不还钱,过去有过用抵押物作偿还。但由此可能导致不公,这就引出衡平法(Rules of Equity)。例如借示人用一栋 50 万元的房子作为抵押物,向银行借款 20 万元,为期一年。借钱人一年后发生意外,确实无力偿还银行贷款,银行这时就把房子没收了。但借款人觉得自己吃了亏,认为这样用整栋房子去抵账欠公平,因为即便支付 3 万元的年息,银行还应再退回他至少 27 万元才算合理,并因此付诸法律行动。判决是把房子拍卖,卖得 40 万元现金,银行获得 23 万元还款和利息,剩余的 17 万元归借款人。这就形成了衡平法,而且该案件就法定地成为下次普通法判案的先例依据。

FIDIC 合同条件虽然不是法律,也不是法规,但它是全世界公认的一种国际惯例。它伴随着世纪的进程经历了从产生到发展、不断完善的过程。FIDIC 合同条件第 1 版于 1957 年、第 2 版于 1963 年、第 3 版于 1977 年、1988 年及 1992 年作了两次修改,习惯对 1988 年版称为第 4 版。1999 年国际工程师联合会根据多年来在实践中取得的经验以及专家、学者的建议与意见,在继承以往四版优点的基础上进行重新编写(下称新编 FIDIC 合同条件)。中国工程咨询协会根据菲迪克授权书进行编译、出版,机械工业出版社于 2002 年 5 月首次印刷 FIDIC 合同条件第 1 版(中、英文对照)。

新编 FIDIC 合同一套四本:《施工合同条件》、《生产设备和设计—施工合同条件》、《设计采购施工(EPC)/交钥匙工程合同条件》与《简明合同格式》。此外 FIDIC 组织为了便于雇主选择投标人、招标、评标,出版了《招标程序》,由此形成一个完整的体系。

7.2 FIDIC 土木工程施工合同简介

7.2.1 合同组成

FIDIC《施工合同条件》由通用条件、专用条件构成。

其中，通用条件是固定不变的。新版 FIDIC《施工合同条件》通用条件共分 20 项 247 款。因为通用条件中都是固定的标准化的东西，所以通常熟悉 FIDIC 合同的承包商在实际工作中不去看通用条件，而直接研究专用条件就可以了。

专用条件的条款号与通用条件的条款号有对应关系。专用条件是为通用条件的编写人给出备选条款，是对通用条件的修改和补充。例如，有关计价使用的货币、兑换汇率、付款期限等具体规定，在通用条件中是找不到的，都要看专用条件。

7.2.2 涉及权利、义务和职责的条款

1. 业主的权利与义务

业主，是指合同专用条件中指定的当事人以及取得此当事人资格的合法继承人，但除非承包商同意，不指此当事人的任何受让人。业主是建设工程项目的所有人，也是合同的当事人，在合同的履行过程中享有大量的权利并承担相应的义务。

（1）业主有权授予工程师职权

1）业主授予工程师的职权必须通过合同文件赋予。即通过业主与承包商的合同文件赋予工程师的职权才能被承包商接受。

2）业主授予工程师的职权应保证工程现场的工作能够不断地顺利进行。如在紧急状态下，工程师应有权采取他认为有效的行动，以避免或减少工程上的损失。

3）业主可根据具体工程的规模、性质，修改通用条件的某些条款并在专用条件中加以规定，但应保证不能减少合同条件中规定的工程师的职权，因为，这将会产生与合同条件中的其他有关工程师的职权不相一致。

（2）业主有权批准合同转让和合同终止。合同条件中规定没有得到业主的事先同意，承包商不得将合同或合同的任何部分进行转让，并充分肯定批准承包商合同转让的权力是业主而不是工程师。另一方面，如果工程师证明承包商存在下列情况之一，业主有权终止合同。

1）承包商破产或失去偿付能力。

2）承包商未经业主同意转让合同。

3）承包商否认合同有效。

4）承包商无正当理由，在接到工程师开工指令后拒不开工。

5）承包商拖延工期，而以无视工程师的指示，拒不采取加快施工的措施。

6）承包商无视工程师的警告，固执地或公然地忽视合同中规定的义务。

在合同履行过程中如发生了双方都无法控制的情况，如战争爆发、地震等，业主有权提出解除履约、终止合同。

（3）业主有权完善或补充合同的实施。如果出现承包商未按合同要求进行任何投保并保持有效；承包商未按工程师的决定按时自费运出有缺陷的材料、工程设备及拆除的工程；承

包商没有按照工程师的要求，在规定时间内自费进行修补工程师认为有任何缺陷的工程等情况。业主为完善和保证合同实施，有权进行办理合同中规定的承包商应当办理而未办理的各类投保；有权雇佣他人将有缺陷的材料、设备及拆除的工程运出施工现场；有权雇佣他人从事修补工程师认为有缺陷的工程。业主有权将完善或补充合同实施所发生的费用通知承包商支出。

（4）业主有权提出仲裁。在业主与承包商之间发生合同争议，或承包商未能遵守工程师的决定，业主有权提出仲裁。这是业主借助于法律手段保障合同实施的措施。

（5）业主有权将工程的部分项目或工作内容的实施发包给指定分包商。所谓指定分包商是由业主（或工程师）指定、选定，完成某项特定工作内容并与承包商签订分包合同的特殊分包商。指定分包工作内容可能包括部分工程的施工；供应工程所需的货物、材料、设备；设计；提供技术服务等。

合同条件内规定有承担施工任务的指定分包商，大多因业主在招标阶段划分合同包时，考虑到某部分施工的工作内容有较强的专业技术要求，一般承包商单位不具备相应的技术能力，但如果以一个单独的合同对待又限于现场的施工条件，工程师无法合理地进行协调管理，为避免各独立承包商之间的施工干扰，则只能将这部分工作发包给指定分包商实施。由于指定分包商是与承包商签订合同，因而在合同关系和管理关系方面与一般分包商处于同等地位，对其施工过程中的监督、协调工作纳入承包商的管理之中。

（6）业主应在合理的时间内向承包商提供施工场地。业主应按合同规定的合理时间提供施工场地，是指在不影响承包商按工程师认可的进度计划进行施工为原则，进行分期提供。

（7）业主应在合理的时间内向承包商提供施工图纸。业主向承包商提供施工图纸，是通过工程师实现的。具体地说，应是业主委托设计单位及工程师在不影响施工进行的情况下可分批提供施工图纸。否则，业主应承担没能在合理的时间内提供图纸而造成承包商的损失。

（8）业主应在合同规定的时间内向承包商付款。FIDIC《施工合同条件》中对付款作出了十分具体的规定，如果业主未能按合同中规定的时间向承包商支付工程款项，不仅要向承包商支付延期付款利息（合同中已明确规定了利率），而且还可能会引起承包商行使暂停工作或减缓工作速度的权力。由于业主未能按合同规定的时间付款，所发生的施工暂停或减缓施工速度造成的损失，应由业主承担。

（9）业主应协助承包商办理有关事务。在承包商提交投标书前，业主有义务向承包商提供有关辅助资料，并应协助承包商进行现场勘察工作；业主应协助承包商办理设备进口的海关手续；业主应协助承包商获得政府对承包商的设备进出口的许可。

2. 工程师的权力与职责

工程师，是指业主为达到合同规定目的而指定的咨询工程师。他是独立的、公正的第三方。他与业主签订委托协议书，根据合同的规定，对工程的质量、进度和费用等方面进行控制和监督，以保证工程项目的建设能满足合同的要求。

FIDIC《施工合同条件》赋予工程师在工程管理方面充分的权力，承包商的一切活动，都必须得到工程师的批准。

（1）工程师在质量管理方面的权力

1）有权对现场材料及设备进行检查和控制。

2）有权监督承包商施工。

3）有权对已完工程进行确认或拒收。

4）有权对工程采取紧急补救措施。

5）有权要求解雇承包商的雇员。

6）有权批准分包商。

（2）工程师在进度管理方面的权力

1）有权审查、认可承包商的施工进度计划。

2）有权发出开工令、停工令和复工令。

3）有权控制施工进度。

（3）工程师在费用管理方面的权力

1）有权确定变更价格。

2）有权批准使用暂列金额。

3）有权批准使用计日工作。

4）有权批准向承包商付款。

（4）工程师在合同管理方面的权力

1）有权批准工程延期。

2）有权发布工程变更令。

3）有权颁发工程接收证书和履约证书。

4）有权解释合同中的有关文件。

5）有权对争端作出决定。

工程师承担对整个项目的监督和管理，他的主要职责是：

（1）认真履行合同文件，监督合同双方按合同文件实施。

（2）协调好施工中发生的有关事宜，公正及时地处理有关问题。

3. 承包商的权利与义务

承包商，是工程项目施工过程中的主要组织者。为了保证承包商的正当利益，承包商除了认真履行合同外，还拥有以下的权力：

（1）承包商有权得到工程付款。承包商在施工过程中，有权得到经过工程师证明质量合格的已完工程的付款，如果工程提前竣工还可以得到相应的奖金。

（2）承包商有权拒绝分包商。这里所说的有权拒绝分包商，是指承包商认为业主或工程师所指定的分包商不能与他很好地合作的情况。

（3）承包商有权提出工程延期和费用索赔。在施工过程中，当造成施工费用的增加或工期的延误并非承包商自身的原因时，承包商可以依据合同条件赋予的权力，向工程师提出工程延期和费用索赔的要求，以保护自己正当的利益。

（4）承包商在业主有下列情况之一时，有权终止受雇或暂停工作。

1）业主在合同规定的应付款时间期满 42 天之内，未能按工程师批准的付款证书向承包商付款。

2）业主干涉、阻挠或拒绝工程师颁发付款证书。

3）业主宣布破产或由于经济混乱而导致业主不具有继续履行其合同义务的能力。

承包商的主要义务是：

（1）认真按照合同的要求及工程师的指示组织工程施工。

（2）在合同规定的工期要求及质量标准的范围内完成工程内容。

（3）遵守工程所在国家、地区的法令、法规。

（4）对颁发工程接收证书之前的施工现场安全负责。

（5）提供履约担保。

（6）提交进度计划和现金流量的估算。

（7）保护工程师提供的坐标点和水准点。

（8）进行工程和承包商设备保险。

（9）保障业主免于承受人身或财产的损害。

7.2.3 合同的转让与分包

1. 合同的转让

合同转让，是指承包商在中标签约后，将其所签合同中的权利和义务转让给第三者。合同转让成立后，原承包商因此解除了其对业主所承担的义务。

由于合同转让可能招致不合格的承包商，所以如果没有业主的事先同意，承包商不得自行将全部或部分合同，包括合同中的任何权益或利益转让给他人。但也有两种例外情况：

（1）按合同规定，应支付或将支付给承包商的银行款项。

（2）把承包商从任何责任方那里获得免除其责任的权利转让给承包商的保险人（当该保险人已清偿了承包商的亏损或债务时）。

2. 分包

由于一般工程施工涉及的工种繁多，有些工种的专业性很强，单靠承包商自身的力量难以胜任，所以，在合同履行中，承包商需要将一部分工作分包给某些分包商，但是这种分包必须经过批准。如果分包在订立合同时已经列入，则意味着业主已批准；如果在工程开工后再雇佣分包商，则必须经过工程师事先同意，但对诸如提供劳务、根据合同中规定的规格采购材料则无需取得同意。工程师有权审核分包合同。承包商在签订分包合同时，一定要注意将合同条件中对分包合同的特殊要求包括进去，以避免事后纠纷。

进行工程分包，分包商对承包商负责，承包商应对分包商及其代理人和雇员的行为、违约和疏忽造成的后果负完全责任。

3. 业主或工程师指定分包（Nominated Subcontractors）

业主或工程师指定分包，可以在招标文件中指定，也可以在工程开工后指定，指定分包工作由业主或工程师指定的分包商完成，但指定分包商并不直接与业主签订合同，而是与承包商签订合同，由承包商负责对他们进行管理和协调。对指定分包商的支付是通过承包商支付的。

指定分包商对承包商承担其分包的有关项目的全部义务和责任，以便使承包商免除在这个方面对业主承担的义务和责任，以及由之引起的各类索赔、诉讼等费用。指定分包商还应保护承包商免受由于其代理人和雇员的行为、违约或疏忽造成的损失和索赔责任。如果指定分包商不愿承担上述义务和责任，承包商可以拒绝与之签订合同。

指定分包商与其他分包商的不同点除了由业主或工程师指定外，在得到支付方面比较有保证，即承包商无正当理由而扣留或拒绝按分包合同的规定向指定分包商进行的支付时，业主有权根据工程师的证明直接向该指定分包商进行支付，并从业主向承包商的支付中扣回这笔费用。

7.2.4　工程的开工、延期和暂停

1. 工程的开工（Commencement）

承包商应在合同约定的日期或接到中标函后的 42 天内开工。工程师应在不少于 7 天前向承包商发出开工日期的通知，而承包商收到此开工通知规定的日期即作为开工日期，竣工时间从开工日期算起。

承包商应在开工日期后，在合理可能的情况下尽早开始工程的实施，随后应以正当速度，不拖延地进行工程的实施。

2. 延期（Delays）

如果由于下列原因，承包商有权得到延长工期（EOT）：

（1）额外的或附加的工作。

（2）合同中的导致工期延误的原因。

（3）异常恶劣的气候条件。

（4）由业主造成的任何延误、干扰或阻碍。

（5）非承包商方面的过失或违约引起的延误。

对以上原因造成的延期，承包商是否有权得到额外支付，要根据具体情况而定。

承包商必须在上述导致延期的事件发生 28 天内，将要求延期的意向通知提交给工程师（副本送业主），并在下一个 28 天内或工程师可能同意的其他合理期限内，向工程师提交要求延期的详细报告，以便工程师进行调查，否则工程师可以不受理这一要求。

如果导致延期的事件持续发生，则承包商应每隔 28 天向工程师提交一份中间报告，并于该事件引起的影响结束日起 28 天内递交最终报告。工程师在收到中间报告时，应及时作出关于延长工期的中间决定；在收到最终报告之后再审核全部过程的情况，作出有关该事件需要延长的全部工期的决定。但最后决定延长的全部工期不能少于按中间报告已决定的延长工期的总和。

3. 暂时停工（Suspension）

在工程施工过程中，由于各种因素的影响，工程有时会出现暂时的中断。在这种情况下，承包商应按工程师认为必要的时间和方式暂停工程施工或其他任何部分的进展，并在此期间负责保护暂停的工程。如暂时停工不属于下列情况：合同中另有规定；由于承包商违约；由于现场气候原因以及为了工程的合理施工或安全原因，则此时工程师应在与业主和承包商协商后，决定给予承包商延长工期的权利和增加由于停工导致的额外费用。

如果按工程师书面指令暂时停工持续 84 天以上，工程师仍未通知复工，则承包商可向工程师发函，要求在 28 天内准许复工。如果复工要求未能获准，当暂时停工影响工程的局部时，承包商可通知工程师把这部分暂停工程视作删减的工程；当暂时停工影响到整个工程进度时，承包商可视该事件属于业主违约，并要求按业主违约处理。

7.2.5　施工进度管理

1. 施工进度计划

（1）承包商收到开工通知后的 28 天内，按工程师要求的格式和详细程度提交施工进度

计划，说明为完成施工任务而打算采用的施工方法、施工组织方案、进度计划安排，以及按季度根据合同预计应支付给承包商费用的资金估算表。

合同履行过程中，一个准确的施工计划对合同涉及的有关各方都有重要的作用，不仅要求承包商按计划施工，而且工程师也应该按计划保证施工顺利进行的协调管理工作，同时也是判定业主是否延误移交施工现场、迟发图纸以及其他应提供的材料、设备，成为影响施工应承担责任的依据。

（2）施工进度计划的内容

1）实施工程的进度计划。视承包工程的任务范围不同，可能还涉及设计进度计划（如果包括部分工程的施工图设计时）；材料采购计划；永久工程设备的制造、运输、施工、安装、调试和检验各个阶段的预期时间。

2）每个指定分包商施工各阶段的安排。

3）合同中规定的重要检查、检验的次序和时间。

4）保证计划实施的说明文件。包括：承包商在各施工阶段准备采用的方法和主要阶段的总体描述；各主要阶段承包商准备投入的人员和设备数量的计划等。

（3）施工进度计划的确认。承包商有权按照他认为最合理的方法进行施工组织，工程师不应干预。工程师对承包商提交的施工计划的审查主要涉及以下几个方面：

1）计划实施工程的总工期和重要阶段的里程碑工期是否与合同的约定一致。

2）承包商各阶段准备投入的机械和人力资源计划能否保证计划的实现。

3）承包商拟采用的施工方案与同时实施的其他合同是否有冲突或干扰等。

如果出现上述情况，工程师可以要求承包商修改计划。由于编制计划和按计划施工是承包商的基本义务之一，因此，承包商将计划提交的 21 天内，工程师未提出需修改计划的通知，即认为该计划已被工程师认可。

2. 工程师对施工进度的监督

（1）月进度报告。为了便于工程师对合同的履行进行有效的监督和管理，协调各合同之间的配合，承包商每个月都应向工程师提交进度报告，说明前一阶段的进度情况和施工中存在的问题，以及下一阶段的实施计划和准备采取的相应措施。

（2）施工进度计划的修订。当工程师发现实际进度与计划进度严重偏离时，不论实际进度是超前还是滞后于计划进度，为了使进度计划有实际意义，工程师随时有权指示承包商编制改进的施工进度计划，并再次提交工程师认可后执行，新进度计划将代替原来计划。也允许在合同内明确规定，每隔一段（一般为 3 个月）承包商都要对施工计划进行一次修改，并经过工程师认可。按照合同条件的规定，工程师在管理中应注意以下两点：

1）不论因何方应承担责任的原因导致实际进度与计划进度不符，承包商都无权对修改进度计划的工作要求额外支付；

2）工程师对修改后进度计划的认可，并不意味着承包商可以摆脱合同规定应承担的责任。

7.2.6 工程计量与支付管理

工程计量与支付条款是 FIDIC《施工合同条件》的核心条款。

1. 工程计量

FIDIC《施工合同条件》是单价合同，工程款的支付是根据承包商实际完成（合同规定范围内）的工程量计算的，因此，工程计量显得格外重要。进行工程计量时应注意：

（1）工程量表中开列的工程量都是在图纸和规范的基础上估算出来的，工程实施时则要通过测量来核实实际完成的工程量并据以支付，工程师测量时应通知承包商派人参加，如承包商未能派人参加测量，则应承认工程师或由他批准的测量数据是正确的。测量有时也可以在工程师的监督和管理下，由承包商进行，工程师审核签字确认。

（2）在对永久工程进行测量时，工程师应在工作过程中准备好所需的记录和图纸，承包商应接到参加该项工作的书面通知后的 14 天内对这些记录和图纸进行审查并确认；若承包商未进行审查，则这些记录和图纸被认为是正确的；若承包商不同意这些记录和图纸，应及时向工程师提出申诉，由工程师进行复查、修改或确认。

（3）除非合同中另有规定，否则，工程测量均应计算净值。

（4）对于工程量表中的包干项目，工程师可要求承包商在接到中标函后 28 天内将投标文件中的每一包干项目进行详细分解，提交给工程师一份包干项目分解表，以便在合同履行过程中按照该分解表的内容逐月付款。该分解表应得到工程师的批准。

2. 工程支付的条件

（1）质量合格是工程支付的必要条件。支付以工程计量为基础，计量必须以质量合格为前提。所以，并不是对承包商已完的工程全部支付，而只支付其中质量合格的部分，对于工程质量不合格的部分一律不予支付。

（2）符合合同条件。一切支付均需要符合合同约定的要求，例如，动员预付款的支付款额要符合投标书附录中规定的数量，支付的条件应符合合同条件的规定，即承包商提供履约保函之后才予以支付动员预付款。

（3）变更项目必须有工程师的变更通知。没有工程师的指令承包商不得对工程作任何变更。如果承包商没有收到指令就进行变更的话，承包商无理由就此类变更的费用要求补偿。

（4）支付金额必须大于期中支付证书规定的最小限额。合同条件约定，如果在扣除保留金和其他金额之后的净额少于投标书附录中规定的期中支付证书的最小限额时，工程师没有义务开具任何证书。不予支付的金额将按月结转，直到达到或超过最低限额时才予以支付。

（5）承包商的工作使工程师满意。为了确保工程师在工程管理中的核心地位，并通过经济手段约束承包商履行合同中规定的各项责任和义务，合同条件充分赋予了工程师有关支付方面的权力。对于承包商申请支付的项目，即使达到以上所述的支付条件，但承包商其他方面的工作未能使工程师满意，工程师可通过任何期中支付证书对他所签发过的任何原有的证书进行任何修改或更改，也有权在任何期中支付证书中删去或减少该工作的价值。

3. 工程量表项目的支付

工程量表项目分为一般项目、暂列金额和计日工作三种。

（1）一般项目的支付。一般项目，是指工程量表中除暂列金额和计日工作以外的全部项目。这类项目的支付是以经过工程师计量的工程数量为依据，乘以工程量表（B. Q. 单）中的单价，其单价一般是不变的。这类项目的支付占了工程费用的绝大部分，工程师应给予足够的重视。但这类支付的程序比较简单，一般通过签发期中支付证书支付进度款。

（2）暂列金额（Provisional Sums），是指包括在合同中，供工程任何部分的施工，或提供货物、材料、设备服务，或提供不可预料事件之费用的一项金额。这项金额按照工程师的指示可能全部或部分使用，或根本不予动用。没有工程师的指示，承包商不能进行暂列金额项目的任何工作。

承包商按照工程师的指示完成的暂列金额项目的费用，若能按工程量表中开列的费率和价格估价，则按此估价；否则，承包商应向工程师出示与暂列金额开支有关的所有报价单、发票、凭证、账单或收据。工程师根据上述资料，按照合同的约定，确定支付金额。

（3）计日工作（Daywork），是指承包商在工程量表的附件中，按工种或设备填报单价的日工劳务费和机械台班费，一般用于工程量表中没有合适项目，且不能安排大批量的施工的零星附加工作。只有当工程师根据施工进展的实际情况，指示承包商实施以日工计价的工作时，承包商才有权获得用日工计价的付款。使用计日工费用的计算一般采用下述方法：

1）按合同中包括的计日工作计划表所定项目和承包商在其投标书所确定的费率和价格计算。

2）对于工程量表中没有定价的项目，应按实际发生的费用加上合同中规定的费率计算有关的费用。承包商应向工程师提供可能需要的证实所付款额的收据或其他凭证，并且在订购材料之前，向工程师提交订货报价单供其批准。

对这类按计日工作制实施的工程，承包商应在该工程持续进行过程中，每天向工程师提交从事该工作的承包人员的姓名、职业和工时的确切清单，一式两份，以及表明所有该项工程所用的承包商设备和临时工程的标识、型号、使用时间和所用的生产设备和材料的数量和型号。

应当说明，由于承包商在投标时，计日工作的报价不影响他的评标总价，所以，一般计日工作的报价较高。在工程施工过程中，工程师应尽量少用或不用计日工作这种形式，因为大部分采用计日工作形式实施的工程，也可以采用工程变更的形式。

4. 工程量表以外项目的支付

（1）动员预付款（Advance Payment）。当承包商按照合同约定提交一份保函后，业主应支付一笔预付款，作为用于动员的无息贷款。预付款总额、分期预付的次数和时间安排（如次数多于一次），及使用的货币和比例，应按投标书附录中的规定。

预付款应通过付款证书中按百分比扣减的方式付还。除非投标书附录中规定其他百分比。扣减应从确认的期中付款（不包括预付款、扣减额和保留金的付还）累计额超过中标合同金额减去暂列金额（不包括预付款、扣减额和保留金的付还）的25%的摊还比率，并按预付款的货币和比例计算，直到预付款还清为止。

如果在颁发工程接收证书前，或按照由业主终止、由承包商暂停和终止，或不可抗力的规定终止前，预付款尚未还清，则全部余额应立即成为承包商对业主的到期付款。

（2）材料设备预付款，一般是指运至工地尚未用于工程的材料设备预付款。对承包商买进并运至工地的材料、设备，业主应支付无息预付款，预付款按材料设备的某一比例（通常为发票的80%）支付。在支付材料设备预付款时，承包商需提交材料、设备供应合同或订货合同的影印件，要注明所供应材料的性质和金额等主要情况，并且材料已运到工地并经工程师认可其质量和储存方式。

材料设备预付款按合同中的规定从承包商应得的工程款中分批扣除。扣除次数和各次扣除金额随工程性质不同而异，一般要求在合同规定的完工工期前至少三个月扣清，最好是材料设备一用完，该材料设备的预付款即扣还完毕。

（3）保留金（Retention Money），是指为了确保在施工阶段，或在缺陷通知期间，由于承包商未能履行合同义务，由业主（或工程师）指定他人完成应由承包商承担的工作所发生费用。保留金的限额一般为合同总价的 5％，从第一次付款证书开始，按投标书附录中标明的保留金百分率乘以当月末已实施的工程价值加上工程变更、法律改变和成本改变应增加的任何款额，直到累计扣款达到保留金的限额为止。

当已颁发工程接收证书时，工程师应确认将保留金的前一半支付给承包商。如果某分项工程或部分工程颁发了接收证书，保留金应按一定比例予以确认和支付。此比例应是该分项工程或分部工程估算的合同价值，除以估算的最终合同价格所得比例的 40％。

在各缺陷通知期限的最末一个期满日期后，工程师应立即对付给承包商保留金未付的余额加以确认。如对某分项工程颁发了接收证书，保留金后一半的比例额在该分项工程的缺陷通知期满后，应立即予以确认和支付。此比例应是该分项工程的估算合同价值，除以估算的最终合同价格所得比例的 40％。

但如果在此时尚有任何工作要做，工程师应有权在这些工作完成前，暂不颁发这些工作估算费用的证书。

在计算上述的百分比时，无需考虑法规改变和成本改变所进行的任何调整。

（4）工程变更（Variation）也是工程支付中的一个重要项目。工程变更费用的支付依据是工程变更令和工程师对变更项目所确定的变更费用，支付时间和支付方式也是列入期中支付证书予以支付。

（5）索赔费用的支付依据是工程师批准的索赔审批书及其计算而得的款额，支付时间则随工程月进度款一并支付。

（6）价格调整费用按照合同条件规定的计算方法计算调整的款额，包括因法律改变和成本改变的调整。

（7）迟付款利息。如果承包商没有在按照合同规定的时间收到付款，承包商应有权就未付款额按月计算复利，收取延误期的融资费用。该延误期应认为从按照合同规定的支付日期算起，上述融资费用应以高出支付货币所在国中央银行的贴现率加三个百分点的年利率进行计算，并应用同种货币支付。

承包商应有权得到上述付款，无需正式通知或证明，且不损害其任何其他权利或补偿。

（8）业主索赔主要包括拖延工期的误期损害赔偿和缺陷工程损失等。这类费用可从承包商的保留金中扣除，也可从支付给承包商的款项中扣除。

5. 工程费用支付的程序

（1）承包商提出付款申请。工程费用支付，首先由承包商提出付款申请，填报一系列工程师指定格式的月报表，说明承包商这个月应得的有关款项。

（2）工程师审核，编制期中付款证书。工程师在 28 天内对承包商提交的付款申请进行全面审核，修正或删除不合理的部分，计算付款净金额。计算付款净金额时，应扣除该月应扣除的保险金、动员预付款、材料设备预付款、违约金等。若净金额小于合同规定的期中支付的最小限额时，工程师不需开具任何付款证书。

（3）业主支付。业主收到工程师签发的付款证书后，按合同规定的时间支付给承包商。

6. 工程支付的报表与证书

（1）月报表，是指对每月完成的工程量的核算、结算和支付的报表。承包商应在每月末，按工程师批准的格式向工程师递交一式六份月报表，详细说明承包商自己认为有权得到的款额，以及包括进度报告在内的证明文件。该报表应包括下列项目：

1）本月完成的工程量表中工程项目及其他项目的应付金额（包括各项变更）。

2）法规变化引起的调整应增加和减扣的任何款额。

3）作为保留金额减扣的任何款额。

4）预付款的支付（分期支付的预付款）和应增加和减扣的任何款额。

5）承包商采购用于永久性工程的设备和材料应预付和减扣的款额。

6）根据合同或其他规定（包括索赔、争端裁决和仲裁），应付的任何其他应增加和减扣的款额。

7）所有以前付款证书中确认的减少额。

工程师应在收到上述月报表28天内向业主递交一份期中付款证书，并附详细说明。但是在颁发工程接受证书前，工程师无需签发金额（扣减保留金和其他应扣款项后）低于投标书附录中期中付款证书的最低额（如果有）的期中付款证书。在此情况下，工程师应通知承包商。工程师可在一次付款证书中，对以前任何付款证书作出应有的任何改正或修改。付款证书不应被视为工程师接收、批准、同意或满意的表示。

（2）竣工报表。承包商在收到工程接收证书后84天内，应向工程师送交工程报表（一式六份），该报表应附有按工程师批准的格式所编写的证明文件，并应详细说明以下几点：

1）截止到工程接收证书载明的日期，按合同要求完成的所有工作的价值。

2）承包商认为应支付的其他任何款项，如所要求的索赔款等。

3）承包商认为根据合同规定将应付给他的任何其他任何款项的估计款额。估计款额在竣工报表中应单独列出。

工程师应根据对竣工工程量的核算对承包商其他支付要求的审核，确定应支付而尚未支付的金额，上报业主批准支付。

（3）最终报表和结清单。承包商在收到履约证书56天内，应向工程师提交按照工程师批准的格式编制的最终报表草案并附证明文件，一式六份，详细列出：

1）根据合同应完成的所有工作的价值。

2）承包商认为根据合同或其他规定应支付给他的任何其他款额。

如承包商和工程师之间达成一致意见后，则承包商可向工程师提交正式的最终报表，承包商同时向业主提交一份书面清单，进一步证实最终报表中按照合同应支付给承包商的总金额。如承包商和工程师未能达成一致，则工程师可对最终报表草案中没有争议的部分向业主签发期中支付证书。争议留待裁决委员会裁决。

（4）最终付款证书。工程师在收到正式最终报表及结清单之后28天内，应向业主递交一份最终付款证书，说明：

1）工程师认为按照合同最终应支付给承包商的款额。

2）业主以前所有应支付和应得到的款额的收支差额。

如果承包商未申请最终付款证书，工程师应要求承包商提出申请。如果承包商未能在

28 天期限内提交此类申请，工程师应按其公正决定的应支付的此类款额颁发最终付款证书。

在最终付款证书送交业主 56 天内，业主应向承包商进行支付；否则，应按投标书附录中的规定支付利息。如果 56 天期满之后再超过 28 天不支付，就构成业主违约。承包商递交最终付款证书后，就不能再要求任何索赔了。

7.2.7　工程质量管理

1. 承包商的质量体系

通用条件规定，承包商应按照合同的要求建立一套质量管理体系，以保证施工质量符合合同要求。在每一工作阶段开始实施之前，承包商应将所有工作程序的细节和执行文件提交工程师，供其参考。工程师有权审查质量体系的任何方面，包括月进度报告中包含的质量文件，对不完善之处可以提出改进要求。由于保证工程的质量是承包商的基本义务，当其遵守工程师认可的质量体系施工，并不能解除依据合同应承担的任何职责、义务和责任。

2. 质量检查的要求

施工中，对于所有材料、永久工程的设备和施工工艺均应符合合同要求及工程师的指示。承包商并应随时按照工程师的要求在施工现场以及为工程加工制造设备的所有场所为其检查提供方便。

对施工现场一般施工工序的常规检查，由现场值班的工程师代表或助理进行，不需事先约定。但对于某些专项检查，工程师应在 24 小时以前将参加检查和检验的计划通知承包商，若工程师或其授权代表未能按期前往（除非事先通知承包商外），承包商可以自己进行检查和验收，工程师应确认此次检查和验收结果。如果工程师或其授权代表经过检查认为质量不合格时，承包商应及时补救，直到下一次验收合格为止。

对于隐蔽工程、基础工程和工程的任何部位，在工程师检查验收前，均不得覆盖。

工程师有权指示承包商从现场运走不合格的材料或工程设备，而以合格的产品代替。

3. 质量检查的费用

（1）在下列情况下，检查和检验的费用应由承包商支付：

1）合同中明确规定的。

2）合同中有详细说明允许承包商可以在投标文件中报价的。

3）由于第一次检验不合格而需要重复检验所导致的业主开支的费用。

4）工程师要求对工程的任何部位进行剥露或开孔以检查工程质量，如果该部位经检验不合格时所有有关的费用。

5）承包商在规定时间内不执行工程师的指示或违约情况下，业主雇佣其他人员来完成此项检查和检验任务时的有关费用。

6）工程师要求检验的项目，在合同中没有规定或合同中虽有规定，但检验地点在现场以外或在材料、设备的制造、生产场所以外，如果检验结果不合格时的全部费用。

（2）在下列情况下，检查和检验的费用应由业主支付：

1）工程师要求检验的项目，但合同中没有规定的。

2）工程师要求进行的检验虽然合同中有说明，但是检验地点在现场以外或在材料、设备的制造、生产场所以外，检验结果合格时的费用。

3）工程师要求对工程的任何部位进行剥露或开孔以检查工程质量，如果该部位经检验合格时，剥露、开孔以及还原的费用。

4. 对承包商设备的控制

（1）承包商自有的施工机械、设备、临时工程和材料，一经运抵施工现场后就被视为专门为本合同工程施工之用。除了运送承包商人员和物资的运输车辆以外，其他施工机具和设备虽然承包商拥有所有权和使用权，但未经过工程师的批准，不能将其中的任何一部分运出施工现场。

（2）承包商从其他人处租赁施工设备时，应在租赁协议中规定在协议有效期内发生承包商违约解除合同同时，设备所有人应以相同的条件将该施工设备转租给发包人，或发包人邀请承包本合同的其他承包商。

（3）若工程师发现承包商使用的施工设备影响了工程进度或施工质量时，有权要求承包商增加或更换施工设备，由此增加的费用和工期延误责任由承包商承担。

7.2.8 工程变更管理

1. 工程变更及其特点

工程变更，是指施工过程中出现了与签订合同时的预计条件不一致的情况，而需要改变原定施工承包范围内的某些工作内容。工程变更不同于合同变更，对合同条件内约定的业主和承包商的权利、义务没有实质性改动，只是对施工方法、内容作局部性改动，属于正常的合同管理，按照合同的约定由工程师发布变更指令即可。

2. 工程变更内容与变更指令

在施工过程中，工程师认为必要时，可以对工程或其中任何部分的形式、质量或数量作出任何变更。变更内容涉及下述任何工作：

（1）增加或减少合同中所包含的任何工作的数量。

（2）删减合同中所包括的任何工作。

（3）改变合同中所包括任何工作的性质、质量或类型。

（4）改变工程任何部分的标高、基线、位置和尺寸。

（5）实施工程竣工所必需的任何种类的附加工作。

（6）改变合同中对工程任何部分规定的施工顺序或时间。

变更指令应由工程师以书面形式发出。如果是口头指令，承包商也应遵守执行，但工程师应尽快书面确认。为了防止工程师忽略书面确认，承包商可在工程师发出口头指令7天内用书面形式提出异议，则等于确认了他的口头指令，这条规定同样适用与工程师代表或助理发出的口头指令。

3. 工程变更程序

颁发工程接收证书前的任何时间，工程师可以通过发布变更指示或以要求承包商递交建议书的任何一种方式提出变更。

（1）指令变更。工程师在业主授权范围内根据施工现场的实际情况，在确实需要时有权发布变更指令。指令的内容应包括详细的变更内容、变更工程量、变更项目的施工要求和有关部分文件图纸，以及变更处理的原则。

（2）要求承包商递交建议书后再确定的变更。

1）工程师将计划变更事项通知承包商，并要求他递交实施变更的建议书。

2）承包商应尽快予以答复。一种情况可能是，通知工程师由于受到某些非自身原因的限制而无法执行此项变更，如无法得到变更所需的物资等，工程师应根据实际情况和工程的需要再次发出取消、确认或修改变更指令的通知；另一种情况是，承包商依据工程师的指令递交实施此项变更的说明，内容包括：①将要实施的工作的说明书以及该工作实施的进度计划。②承包商依据合同规定对进度计划和竣工时间作出任何必要修改的建议，提出工期顺延要求。③承包商对变更估价的建议，提出变更费用要求。

3）工程师作出是否变更的决定，尽快通知承包商说明批准与否或提出意见。

4）承包商在等待答复期间，不应延误任何工作。

5）工程师发出每一项实施变更的指令，应要求承包商记录支出的费用。

6）承包商提出的变更建议书，只是作为工程师决定是否实施变更的参考。除了工程师作出指示或批准以总价方式支付的情况外，每一项变更应依据计量的工程量进行估价和支付。

4. 工程变更估价

（1）变更估价的原则。承包商按照工程师的变更指示实施变更工作后，往往会涉及对变更估价问题。变更工程的价格或费率，往往是双方协商时的焦点。计算变更工程应采用的费率或价格，可分为 3 种情况：

1）变更工作在工程量表中有同种工作内容的单价，应以该单价计算变更工程费用。实施变更工作未导致工程施工组织和施工方法发生实质性变动，不应调整该项目的单价。

2）工程量表中虽然列有同类工作的单价和价格，但对具体变更工作而言不适用，则应在原单价和价格的基础上制订合理的新单价或价格。

3）变更工作的内容在工程量表中没有同类工作的单价和价格，应按照与合同单价水平相一致的原则，确定新的单价或价格。任何一方不能以工程量表中没有此项单价为借口，将变更工作的单价定得过高或过低。

（2）可以调整合同工作单价的原则。具备以下条件时，允许对某一项工作报规定的单价或价格加以调整：

1）此项工作实际测量的工程量比工程量表或其他报表中规定的工程量的变动大于 10%。

2）工程量的变更与对该项工作规定的具体单价的乘积超过了接受的合同款额的 0.01%。

3）由此工程量的变更直接造成的该项工作每单位工程量费用的变动超过 1%。

（3）删减原定工作后对承包商的补偿。工程师发布删减工作的变更指令后承包商不再实施该部分工作，合同价格中包括的直接费部分没有受到影响，但摊销在该部分的间接费、税金和利润实际不能合理收回。因此，承包商可以就其损失向工程师发出通知并提供具体的证明材料，工程师与合同双方协商后确定补偿金额加入到合同价内。

5. 承包商申请的工程变更

承包商根据工程施工的具体情况，可以向工程师提出对合同内任何一个项目或工作的详细变更请求报告。未经工程师批准承包商不得擅自变更，若工程师同意，则按工程师发布的变更指令的程序执行。

7.2.9　工程师颁发证书

1. 颁发工程接收证书

当全部工程基本完工并圆满通过合同规定的竣工检验时，承包商在他认为可以完成移交工作前 14 天，可将此结果通知工程师及业主，将此通知书同时附上一份对在缺陷通知期内以应有速度及时完成任何未完工作而作出的书面保证，作为要求工程师颁发工程接收证书的申请。

工程师接到承包商申请后的 28 天内，如果认为已满足竣工条件，即可颁发工程接收证书；若不满意，则应书面通知承包商，指出还需要完成哪些工作后才达到基本竣工条件。承包商按指示完成相应工作最后一项完成的 28 天内主动颁发证书。工程接收证书应说明以下主要内容：

（1）确认工程已基本竣工。

（2）注明达到基本竣工的具体日期。

（3）详细列出按照合同规定承包商在缺陷通知期内不需完成工作的项目一览表。

如果合同约定工程不同区段有不同竣工日期时，每完成一个区段均应按上述程序颁发部分工程接收证书。

工程接收证书颁发后，不仅表明承包商对该部分的施工义务已经完成，而且对工程照管的责任也转交给业主。

2. 颁发履约证书（Performance Certificate）

（1）缺陷通知期（Defects Notification Period），是指正式颁发的工程接收证书中注明的缺陷通知期开始日期（一般即通过竣工验收的日期）后的一段时期。缺陷通知期时间长短应在投标文件附件中注明，一般为一年，也有更长时间的。

在缺陷通知期内，承包商除应继续完成在工程接收证书上写明的扫尾工作外，还应对工程由于施工原因所产生的各种缺陷负责维修。这些缺陷的产生如果是由承包商未按合同要求施工，或由于承包商负责设计的部分永久工程出现缺陷，或由于承包商疏忽等原因未能履行其义务，则应由承包商自费修复；否则，应由工程师考虑向承包商追加支付。如果承包商未能完成其应自费修复的缺陷，则业主可另行雇人修复，费用由保留金中扣除或由承包商支付。

（2）颁发履约证书。缺陷通知期内工程圆满地通过运行考验，工程师应在期满后的 28 天内，向承包商颁发履约证书，并将副本送给业主。只有履约证书应被视为构成对工程的认可。履约证书是承包商已按合同规定完成全部施工义务的证明，因此，该证书颁发后工程师就无权再指示承包商进行任何施工工作，承包商即可办理最终结算手续。业主应在证书颁发后的 21 天内，退还承包商的履约担保。

缺陷通知期满时，如果工程师认为还存在影响工程运行或使用的较大缺陷，可以延长缺陷通知期，推迟颁发履约证书，但缺陷通知期的延长不应超过竣工日后的 2 年。

如果合同内规定有分项移交工程时，工程师将颁发多个工程接收证书。但从履约证书的作用来看，一个合同工程只颁发一个履约证书，即在最后一项移交工程的缺陷通知期满后颁发。较早到期的部分工程，通常以工程师向业主报送最终检验合格证明的形式说明该部分已通过了运行考验，并将副本送给承包商。

7.2.10 解决合同争议的方式

1. 解决合同争议的程序

（1）提交工程师决定。FIDIC 编制施工合同条件的基本出发点之一，是合同履行过程中建立以工程师为核心的项目管理模式，因此，业主与承包商在履行合同中的争议应首先提交给工程师。任何一方要求工程师作出决定时，工程师应与双方协商尽力达成一致。如果未能达成一致，则应按照合同规定并适当考虑有关情况后作出公正的决定。

（2）提交争端裁决委员会决定。双方起因于合同的任何争端，包括对工程师签发的证书、作出的决定、指令、意见或估价不同意接受时，可将争议提交合同争端裁决委员会，并将副本送交对方和工程师。裁决委员会在收到提交的争议文件后 84 天内作出合理的裁决。作出裁决后 28 天内，任何一方未提出不满意裁决的通知，此裁决即为最终的决定。

（3）双方协商。任何一方对裁决委员会的裁决不满意，或裁决委员会在 84 天内未能作出裁决，在此期限后 28 天内应将争议提交仲裁。仲裁机构在收到申请后的 56 天才开始审理，这一时间要求双方尽力以友好的方式解决合同争议。

（4）仲裁（Arbitration）。如果双方仍未能通过协商解决争议，则只能由合同约定的仲裁机构最终解决。

2. 争端裁决委员会（DAB）

（1）争端裁决委员会的组成。签订合同时，业主与承包商通过协商组成裁决委员会。裁决委员会一般由 3 名成员组成，合同每一方应提名一名成员，由对方批准。双方应与这两名成员共同商定第三名成员，第三人作为主席。

（2）争端裁决委员会的性质。争端裁决委员会的裁决，属于非强制性但具有法律效力的行为。相当于我国法律中解决合同争议的调解，但其性质则属于个人委托。争端裁决委员会的成员应满足以下要求：

1）对施工合同的履行有经验。

2）在合同的解释方面有经验。

3）能流利地使用合同中规定的交流语言。

（3）争端裁决程序

1）接到业主或承包商任何一方的请求后，争端裁决委员会确定会议的时间和地点。解决争议的地点可以在工地或其他地点进行。

2）争端裁决委员会成员审阅各方提交的材料。

3）召开听证会，充分听取各方的陈述，审阅证明材料。

4）调解合同争议并作出决定。

7.2.11　风险管理

合同履行过程中可能发生某些风险是有经验的承包商在准备投标时无法合理预见的，就业主利益而言，不应要求承包商在其报价中计入这些不可合理预见风险的损害补偿费，以取得有竞争性的合理报价。合同履行过程中发生此类风险事件后，业主按承包商受到的实际影响给予补偿。

1. 合同条件规定的业主风险（Employer's Risks）

（1）战争、敌对行动、入侵、外敌行动。

（2）工程所在国内发生叛乱、革命、暴动或军事政变、篡夺政权或内战。

（3）不属于承包商施工原因造成的爆炸、核废料辐射、有毒气体的污染等。

（4）超音速或亚音速飞行物产生的压力波。

（5）暴乱、骚乱或混乱，但不包括承包商及分包商的雇员因履行合同而引起的行为。

（6）因业主在合同规定以外，使用或占用永久工程的某一区段或某一部分而造成的损失或损害。

（7）业主提供的设计不当造成的损失。

（8）一个有经验的承包商通常无法预测和防范任何自然作用。

在上述风险中，前5种风险都是业主或承包商无法预测、防范和控制而保险公司又不承保的事件，损害的后果又很严重，因此，合同条件又进一步将它们定义为"特殊风险"。因特殊风险事件发生导致合同的履行被迫终止时，业主应对承包商受到的实际损失（不包括利润损失）给予补偿。

2. 其他不能合理预见的风险

（1）外界条件或障碍对工程成本的影响。如果遇到了现场气候条件以外的外界条件或障碍影响了承包商按预定计划施工，经工程师确认该事件属于有经验的承包商无法合理预见的情况，则承包商实际施工成本的增加和工期损失应得到补偿。

（2）汇率变化对支付外币的影响。当合同内规定给承包商的全部或部分支付为某种外币，或约定整个合同期内始终以投标截止日期前第28天承包商报价所依据的投标汇率为不变汇率，按约定百分比支付某种外币时，汇率的实际变化对支付外币的计算不产生影响。若合同内规定按支付日当天中央银行公布的汇率为标准，则支付时需随汇率的市场浮动进行换算。由于合同期内汇率的浮动是双方签约时无法预计的情况，不论采用何种方式业主均承担汇率实际变化对工程总造价影响的风险，可能对其有利，也可能不利。

（3）法令和政策变化对工程成本的影响。如果投标截止日期前第28天后，由于法令和政策变化引起承包商实际投入成本的增加，应由业主给予补偿。若导致施工成本的减少，也由业主获得其中的好处。

小　　　结

本章主要介绍了FIDIC合同的特点及发展，重点阐述了FIDIC《施工合同条件》的基本内容。力求使学生通过本章的学习对FIDIC合同有初步的认识，探知其相关条款与我国建设工程施工合同示范文本的差异。

习　　　题

1. FIDIC合同的特点有哪些？
2. FIDIC《施工合同条件》由哪几部分组成？
3. 指定分包商是指什么？
4. FIDIC《施工合同条件》中对工程量表项目的支付有哪些规定？

参 考 文 献

[1] 卢谦. 建设工程招投标与合同管理［M］. 北京：中国水利出版社，2005.

[2] 国家发展改革委等九部委. 中华人民共和国标准施工招标文件（2007 年版）［M］. 北京：中国计划出版社，2007.

[3] 国家发展改革委等九部委. 中华人民共和国标准施工招标资格预审文件（2007 年版）［M］. 北京：中国计划出版社，2007.

[4] 宋春岩，付庆向. 建设工程招投标与合同管理［M］. 北京：北京大学出版社，2008.

[5] 全国招标师职业水平考试辅导教材指导委员会. 招标采购法律法规与政策［M］. 北京：中国计划出版社，2009.

[6] 全国招标师职业水平考试辅导教材指导委员会. 招标采购专业实务［M］. 北京：中国计划出版社，2009.

[7] 田威. FIDIC 合同条件实用技巧［M］. 北京：中国建筑工业出版社，2002.

[8] 田威. FIDIC 合同条件应用实务［M］. 北京：中国建筑工业出版社，2002.

[9] 国际咨询工程师联合会中国工程咨询协会. 施工合同条件（1999 年第一版）（中英文对照本）［M］. 北京：机械工业出版社，2002.

[10] 梅阳春，邹辉霞. 建设工程招投标及合同管理［M］. 湖北：武汉大学出版社，2004.

[11] 顾昂然. 中华人民共和国合同法讲话［M］. 北京：法律出版社，1999.

[12] 朱宏亮，成虎，工程合同管理［M］. 北京：中国建筑工业出版社，2006.

[13] 中华人民共和国建设部，国家工商行政管理局. 建设工程施工合同（示范文本）［M］. 1999.

[14] 中华人民共和国建设部，国家工商行政管理局. 建设工程委托监理合同（示范文本）［M］. 2000.

[15] 徐文通. 工程招标投标管理概论［M］. 北京：中国人民大学出版社，1992.

[16] 姚长辉. 国际工程招标与投标［M］. 北京：企业管理出版社，1993.

[17]《中华人民共和国招标投标法》起草小组，国家发展计划委员会政策法规司. 中华人民共和国招标投标法全书［M］. 北京：中国检察出版社，1999.

[18] 宁素莹. 建筑工程招标投标与管理［M］. 北京：中国建材工业出版社，2003.

[19] 李启明. 建设工程合同管理［M］. 北京：中国建筑工业出版社，2004.